国家自然科学青年基金项目(11604224)资助

辽宁省教育厅 2021 年度科学研究经费面上项目(LJKZ0596)资助

教育部 2019 年第二批产学合作协同育人项目(201902024016)资助

辽宁省教育厅科学研究项目(LJZ2016031)资助

吉林大学超硬材料国家重点实验室开放课题项目(201708)资助

高压制备超导材料及其模拟计算研究

颜婷婷　邓媛媛　刘　悦　吕　晶　著

中国矿业大学出版社

·徐州·

内 容 提 要

本书深入探究了压力对超导材料结构、性质的影响,并结合理论模拟计算获知材料由非超导向超导转变时其晶胞内的结构变化,提出了相应的转变机制,从而有助于人们获得高压制备超导材料的相关知识,为基础研究和工业研究提供了一定的实验理论依据。全书主要内容有:超导材料概述、高压科学概述、高压电磁学概述、第一性原理模拟计算概述、高压制备超导材料及其性质研究、高压超导材料的模拟计算研究。

本书可供相关专业的研究人员借鉴、参考,也可供广大教师教学和学生学习使用。

图书在版编目(C I P)数据

高压制备超导材料及其模拟计算研究 / 颜婷婷等著.—徐州:中国矿业大学出版社,2021.9

ISBN 978 - 7 - 5646 - 5065 - 0

Ⅰ.①高… Ⅱ.①颜… Ⅲ.①超导材料—高压—制备—研究②超导材料—高压—数值模拟—计算方法—研究

Ⅳ.①TM26

中国版本图书馆 CIP 数据核字(2021)第 129696 号

书　　名	高压制备超导材料及其模拟计算研究
著　　者	颜婷婷　邓媛媛　刘　悦　吕　晶
责任编辑	何晓明
出版发行	中国矿业大学出版社有限责任公司
	(江苏省徐州市解放南路　邮编221008)
营销热线	(0516)83884103　83885105
出版服务	(0516)83995789　83884920
网　　址	http://www.cumtp.com　**E-mail**:cumtpvip@cumtp.com
印　　刷	江苏凤凰数码印务有限公司
开　　本	787 mm×1092 mm　1/16　**印张** 10.25　**字数** 230 千字
版次印次	2021 年 9 月第 1 版　2021 年 9 月第 1 次印刷
定　　价	55.00 元

(图书出现印装质量问题,本社负责调换)

前　言

　　超导是凝聚态物理领域的一种宏观量子现象,人们把处于超导状态的导体称之为超导体。超导体的直流电阻率在一定的低温下突然消失的现象,被称作零电阻效应。导体没有了电阻,电流流经该导体时就不会产生热损耗,电流可以毫无阻力地在导线中形成强大的电流,从而产生超强磁场。

　　超导现象由荷兰莱顿大学的海克・卡默林・昂纳斯教授于1911年意外发现,昂纳斯教授将汞冷却到－268.98 ℃时,汞的电阻突然消失。随后他又发现许多金属和合金都具有与汞相类似的低温下失去电阻的特性,这种特殊的导电性能被昂纳斯教授称为超导态,他也因此获得了1913年的诺贝尔物理学奖。

　　1933年,荷兰的迈斯纳和奥森菲尔德共同发现了超导体的另一个极为重要的性质——当金属处在超导状态时,这一金属内的磁感应强度为零,但却能把原来存在于体内的磁场排挤出去。对单晶锡球进行实验发现:锡球过渡到超导态时,锡球周围的磁场会突然发生变化,磁力线似乎一下子被排斥到超导体之外去了,人们将这种现象称之为迈斯纳效应。迈斯纳效应有着重要的意义,它可以用来判别物质是否具有超导性。后来人们还做过这样一个实验:在一个浅平的锡盘中,放入一个体积很小但磁性很强的永久磁体,然后把温度降低,使锡盘出现超导性,这时可以看到,小磁体竟然离开了锡盘表面,慢慢地飘起来悬浮不动。

为了使超导材料具有实用性，人们开始了探索高温超导的历程，从 1911 年至 1986 年，超导温度由水银的 4.2 K 提高到 23.22 K（0 K＝－273.15 ℃；K 为开尔文温标，起点为绝对零度）。1986 年 1 月，美国科学家发现钡镧铜氧化物超导温度是 30 K，随后人们又将这一纪录刷新为 40.2 K，不久美国华裔科学家朱经武与中国台湾物理学家吴茂昆以及大陆科学家赵忠贤相继在钇-钡-铜-氧系材料上把临界超导温度提高到 90 K 以上，液氮的"温度壁垒"（77 K）也被突破了。1987 年年底，铊-钡-钙-铜-氧系材料又把临界超导温度的纪录提高到 125 K。从 1986 年至 1987 年短短一年多的时间里，临界超导温度提高了近 100 K。1993 年左右，铊-汞-铜-钡-钙-氧系材料又把临界超导温度的纪录提高到 138 K。高温超导体取得了巨大突破，使超导技术走向大规模应用成为可能。

在超导材料研究中，高压是非常重要的方法。在高压下，原材料之间互相紧密接触，化学反应速度要远远大于常压情况，极大地提高了材料制备的效率。常用的高压合成方法有很多，比如多面顶高温高压合成法和高压反应釜合成法等。前者比较复杂，外层是个球壳，传压介质包裹着里面的八面球压砧，然后顶上六面顶压砧，再压上一个四面体的传压介质，最里面放入样品材料。如此设计的层层压力传递，最终就能在比较狭小的空间里实现几十万个大气压（高达 20 GPa）。高压反应釜则比较适合液相合成，将原料放在液体中并将其高压密封，温度升高后压力会更高，有利于某些样品的生长。借助高温高压，能获得不少常压下得不到的材料，尤其对于某些特殊材料，在常压下是难以稳定存在或合成的，比如包裹着甲烷等的笼状水合物，又称为"可燃冰"，就是在海洋深处高压下形成的；一些高压下合成的笼状结构超导材料，如 Ba_8Si_{46} 材料，临界温度约为 8 K。许多硼化物等硬度很高的材料，也需要借助高压合成来完成。

　　然而,压力并不总是对超导有利,有时候高压反而有害,它会压制甚至破坏超导,最严重时甚至会把材料彻底"粉身碎骨",再也无法实现超导。在高压下,因为测量手段主要集中为电测量,若形成其他超导杂相或某些少量杂质高压超导,都会影响到测量结果,因此采用磁、热、光等多重测试手段和多个团队重复实验,是十分必要的。高压超导材料的研究还需人们继续努力探索。

　　本书由国家自然科学青年基金项目(11604224)、辽宁省教育厅2021年度科学研究经费面上项目(LJKZ0596)、教育部2019年第二批产学合作协同育人项目(201902024016)、辽宁省教育厅科学研究项目(LJZ2016031)、吉林大学超硬材料国家重点实验室开放课题项目(201708)资助出版。

著　者

2021 年 1 月

目　　录

第 1 章　超导材料概述

1.1　超导材料的分类

超导材料是指具有在一定的低温条件下呈现出电阻等于零及排斥磁力线性质的材料。

根据材料对于磁场的响应,可以将超导材料分为第一类超导体和第二类超导体。从宏观物理性能上看,第一类超导体只存在单一的临界磁场强度;第二类超导体有两个临界磁场强度值,在两个临界值之间,材料允许部分磁场穿透材料。在已发现的元素超导体中,第一类超导体占大多数,只有钒、铌、钽属于第二类超导体,但很多合金超导体和化合物超导体都属于第二类超导体。

1957 年,巴丁(Bardeen)、库珀(Cooper)和施里弗(Schrieffer)提出 BCS 理论,对超导现象进行了微观机理的解释。BCS 理论把超导现象看作一种宏观量子效应。该理论提出,金属中自旋和动量相反的电子可以配对形成所谓的"库珀对",库珀对在晶格当中可以无损耗地运动,从而形成超导电流。

根据理论解释,可以将超导材料分为传统超导体(可以用 BCS 理论或其推论解释)和非传统超导体(不能用 BCS 理论解释)。

根据临界温度的不同,可以将超导材料分为高温超导体和低温超导体。高温超导体通常指临界温度高于液氮温度(>77 K)的超导体,低温超导体通常指临界温度低于液氮温度（<77 K）的超导体。

根据材料类型的不同，可以将超导材料分为元素超导体（如铅和水银）、合金超导体（如铌钛合金）、氧化物超导体（如钇钡铜氧化物）、有机超导体（如碳纳米管）。

1.2　超导材料的合成及设计

1902 年，开尔文认为随着温度的降低，电子将凝结在金属原子上，致使金属电阻变为无限大。但是荷兰莱顿大学的昂纳斯教授认为随着温度的降低，金属的内阻会降低到一个极小值，然后在接近绝对零度的时候开始变大，并会在绝对零度的时候变为无穷大。1908 年昂纳斯小组将氦气液化，1911 年在低温下测量汞的电阻温度曲线时，发现汞的电阻在温度 4.2 K 附近时突然下降并消失。实验证明，当用足够小的测量电流时，电阻的下降能集中发生在 0.01 K 的窄小范围内。我们把金属电阻消失的温度叫作超导临界温度（T_c），金属在超导临界温度以下称为超导体，在临界温度以上就处于正常态，和正常金属一样具有有限的电阻值。同一种材料在相同的条件下具有确定的超导温度。超导体具有三个基本特性：完全导电性、迈斯纳效应、通量量子化。超导体的零电阻效应具有无损耗运输电流的性质，这将会使不必要的能耗大大降低，对国防、科研和工业具有极大的意义。超导体的应用主要分为三类：强电应用、弱电应用、抗磁性应用。强电应用即大电流应用，包括超导发电、输电和储能；弱电应用即电子学应用，包括超导计算机、超导天线、超导微波器件等；抗磁性应用主要包括磁悬浮列车和热核聚变反应堆等。同时，超导磁体可用于制作交流超导发电机、磁流体发电机和超导输电线路等。目前，超导量子干涉仪已经产业化。另外，作为低温超导材料的主要代表 NbTi 合金和 Nb_3Sn 合金，主要应用于医学领域的核磁共振成像仪。随着材料科学的发展，超导材料的性能不断优化，实现超导的临界温度越来越高。低温超导材料需要液氦作制冷剂才能呈现超导态，因此在应用上受到很大的限制,所以寻找高温超导体将会对实现能源节约、对现代文明社会中科学技术的发展产生深刻的影响。

高压技术在高温超导体的合成设计方面扮演着十分重要的角色。高压可以提高超导体的超导温度,比如铜氧化物的超导温度在 39 GPa 时可以提高到 164 K 等。值得注意的是,很多在常压下未发现超导电性的元素在高压下会显现超导电性,比如单质硼、氧、硅、磷和硫等在高压下都会体现超导电性。1935 年,威格纳和亨廷顿在理论上预测固体氢可以在高压下实现金属化,然后在更高压下实现室温超导,但是实验上一直到 388 GPa 都没有发现氢的金属化。

高压合成与高压物质新特性的出现为人们寻找和探索新材料打开了一扇广阔的大门。到目前为止,几乎所有元素周期表中的元素都具有高压相。对一些典型的半导体化合物、离子晶体、铁电体等相变的系统研究已经获得了一些规律性的结论。还有一些层状化合物、硼化物、氮化物和硫化物的高压研究也受到了很高的重视。目前人们对高压的研究主要热衷于寻找高温超导体、高热导率材料以及高性能储氢材料等具有优异性能的材料。

实验上对于具体的压强和温度条件有一定的限制,而且实验技术等都会影响对新材料的研制和研究,这些因素都会阻碍新材料的出现。为了弥补实验上的短处,加上现在计算机速度快、易操作和容量的空前提高,计算机模拟已经发展成为实验研究和理论探讨之外的第三个重要研究方法,而且越来越成为发现新型超导材料的重要手段。

1988 年,著名物理学家马多克斯曾写道,即使是最简单的晶体也难以根据其化学组分预测晶体结构,比如确定冰的晶体结构在当时就被认为是超出了人们的认知范围的。晶体结构预测就是用计算机进行模拟来预测结构,在结构变动过程中发现具有最小自由能的晶体态,即基态。但是晶体是由大量原子集合而成的,原子间能形成不同的结构从而形成了复杂的势能面,势能面上存在能量极小值处,对应的是各种亚稳态,同时亚稳态的数目还会随着体系中原子数目的增加而呈指数级增长,相应计算成本也会增加。当然现代的计算机技术也是相当成熟的,加上有效的数学算法,再结合第一性原理，已经开发出来一些有效的晶体结构预测方法，如随机算法、遗传算法、最小跳跃法、粒子群优化算法、多目标搜索算法、动力学算法和机器学习算法等。其中，随机算法是 2006 年由皮卡德小组研究开发出来的，通过限定合理的密度尺寸，然后随机放置一定数目配比的原子，将得到的结构结合第一性原理计算能量，找到热力学上最稳定的结构。科学家们利用此方法预测了 HBr 在高压下的基态，并对相应基态的超导性质进行了讨论研究。另外，科学家们也开发了一套用于晶体结构预测的方法，主要是结合了第一性原理和贝叶斯优化方法，应用机器学习，大大提高了结构的搜索效率和多样性。这些晶体结构预测方法能够很好地弥补实验条件的不足，同时也能和实验相辅相成、相互印证，大部分方法和软件只需给定材料的化学组分和外界条件（如压力），就可以预测材料的基态及亚稳态结构，并可以进行功能材料的逆向设计。这些方法的高效及可靠已经在科研实践中得到了证实。目前，这些方法已经被广泛应用到三维晶体、二维层状材料和表面、零维的团簇等体系的结构研究领域，成为理论确定材料结构的有效手段，对加快新材料的出现、推动科研发展有很大的帮助。

从昂纳斯教授发现 Hg 的超导态开始，科学家们就连续发现了很多物质具有超导特性，如 La-Ba-CuO 混合金属氧化物被发现具有 35 K 的超导电性，开始了对混合金属氧化物的超导性能的研究；Y-Ba-CuO 混合金属氧化物中测得 90 K 的超导温度，至此高温超导材料的研究获得了巨大进展。之后，不断有新的超导氧化物系列涌出，如 Bi-Ca-CuO、Ti-Ba-Ca-CuO 等，它们的超导转变温度超过了 120 K。在这些超导体中，碳的同素异形体通过碱金属的掺杂而呈现超导性，其中具有代表性的是 C_{60} 和石墨，C_{60} 和碱金属形成的超导体比大多数的金属合金超导体的超导温度都要高。一般的金属氧化物是无机超导体，而 C_{60}＋碱金属是有机超导体，是球状结构，属三维超导，是比较有发展前途的超导材料。到目前为止，人们已经发现了大量的超导材料，包括单质元素超导体、重费米子超导体、铜氧化物超导体、电荷转移型有机盐超导体、富勒烯超导体、铁基超导体等。石墨＋碱金属形成的化合物叫作石墨插层化合物，实验和理论对这些材料都进行了大量研究，它们都是层状结构,属二维超导,相应的超导温度并不是太高。但是碳能形成很丰富的键构型,所以可以以碳为基础去寻找超导材料,2018 年发现的"魔角"石墨烯就实现了超导性,但是实验上对于层与层之间的角度却很难把控。由于二维超导材料是制备纳米设备的理想材料,但是理论和实验上发现的二维超导材料很少,所以人们用第一性原理计算和结构搜索,对碳基材料进行了二维的研究,发现由四八环组成的二维碳层 T-石墨烯具有超导性,并首次发现了碳同素异形体中本征的超导物质,如果实验上能够合成的话,这对于二维材料超导性的发展将会是一个重大的突破。

在超导微观理论建立的过程中,同位素效应起到了很重要的作用,氢元素是周期表中质量最轻的元素,阿什克罗夫特提出氢在高压下可以实现室温超导,但是理论上预测的氢的金属化则需要很高的压强,这对于实验技术是一个很大的挑战,后来阿什克罗夫特又提出了通过其他原子掺杂从而达到化学降压的效果,可以在更低压强下实现氢的金属化和超导性。在寻找氢化物超导体时,大多数的研究人员都倾向于氢聚合物。在已知的氢化物中,稀土金属的氢化物具有更高的超导温度,LaH_{10} 有 250～260 K 的超导温度,YH_{10} 的超导温度高达 303 K。除了二元氢化物之外,吉林大学在三元氢化物中找到了超导温度达 473 K 的高温高压超导相 Li_2MgH_{16},这是首次在氢化物中出现的超过室温的超导体,其超导机理为晶体内存在大量的 H_2 单元,而 H_2 单元对超导几乎不存在贡献。二元氢化物 MgH_{16} 的超导温度低于73 K,加入 Li 原子后,相当于电子掺杂使得 H_2 单元中的氢原子获得了电子,打破了原来的 H—H 键,形成了笼状结构,这样所有的氢原子都对材料的超导电性有所贡献,使得超导温度呈现几倍的增长,这也给人们以后寻找高温超导材料提供了很好的思路。

1.3　超导材料的应用

超导技术自其"出生"的那一天,就引起了科学家浓厚的兴趣。快速传递电量、维护人员安全、减少电阻影响,都是超导技术可以实现的新型工作。在各种资深行业中使用超导技术,充分发挥超导体的优势,是实现"零电阻、零磁性、零消耗"传递的重要途径。

超导现象指的是某些金属在一定的低温条件下,电阻降为零的现象。一开始汞金属被发现有这种现象,在后续的研究中,科学家发现许多其他的金属及合金都有着超导现象。在现阶段的研究中,科研人员将金属的超导性上升了一个高度,定义为"一种在一定外界因素的影响下物体的某些特性消失的一种现象",而汞金属的电阻消失的现象只是其中一种典型的超导现象。从一开始超导体的泛泛使用,到后来一些重要行业如电工、运输等产业的应用,超导技术已经越来越令人不可割舍。正因其特殊的可以使金属特性消失的性质,超导体在当今工业产业中起着至关重要的作用,尤其是在强电领域[1]。总而言之,超导技术虽暂未普及,但显然在工程各个阶段都是比较重要的技术,所以许多工程团队正在努力发展超导技术。

强电与弱电相对应,区分二者的特点就是电压的大小。强电设备有发电机、插排、大部分家用电器等等,这些设备的特点是工作电压在 220 V 以上。通信工程、安防监控、火灾报警和电子信息等均属于弱电,弱电设备有通信设备、监控设备、电子设备等,这些设备的特点是工作电压在 220 V 以下。总的来讲,偏重于信息、计算机、通信工程等电力产业被称为弱电领域,偏重于电工产业、供配电工程等电力产业被称为强电领域。

超导技术解决了强电领域的"消极"现状。比如,强电领域不可避免地会在高温下运作,如果使用超导体操作,零电阻可避免导线的电阻消耗,零磁性也能避免磁体的消耗问题,大大解决了强电领域复杂和操作笨拙的问题。随着科技的发展,电力需求越来越大,所以解决强电领域的各种技术问题就变得十分重要。因此,我国正在致力于超导技术的研究,为了稳固强电领域的发展,各种新型超导体被研发出来以适应需求。对于超导技术的高精性和复杂性,我国也在积极引进人才,加强超导技术的可应用性研究,以期找出超导技术的更多使用点。目前,超导技术在强电领域已经成了"兵家必争之地",大部分电力企业纷纷采用超导技术进行电力运转。

超导磁体不同于超导电阻,超导磁体是在设定的条件下,使超导体的磁性降为零。在工业运用磁力电机时,由于磁力过大,很容易使磁场不稳定,此时进行强电操作就会产生许多麻烦。而且,强大的磁场会对材料产生很大的损伤,对人也有较大的辐射。总之,运用传统的磁体对电工发展有很大的阻碍。如果使用超导磁体,在进行发电、传导等运作时,由于其磁性在一定条件下满足最适宜的工作标准,减少了人力、物力的消耗,尤其是能源的消耗,而且还可以在保护磁极材料的同时保护人身安全。超导磁体最典型的应用就是磁悬浮列车,设定固定的环境,可以使磁性材料满足固定的磁性,在短距离运输中,这种磁悬浮列车是十分舒适和安全的。正因其各种实用的优点,超导磁体的使用具有十分广阔的发展前景。

电缆技术代表着国家电路的连通性,在电缆导电的过程中,难免会遇到恶劣的环境条件,如地下环境经常遭遇低温或触水漏电的情况,而且许多电缆没有被妥善保护,很容易在恶劣条件下受到破坏。而超导体在一定的条件下可以保持零电阻的状态,在传输过程中不会被恶劣条件干扰,可以实现完美传输。更为重要的是,普通电缆自身有较高的电阻,在远距离传输中电缆本身会消耗很高的功率,无形中造成了电力的浪费。如果采用超导体进行传输,无论电流有多大,电缆本身并不分享任何功率,避免了电缆传输的高耗能。而且,对于普通电缆来讲,很容易在遇到雨水、高压的问题时发生漏电和辐射,这样会威胁到路人或工人的人身安全,而使用超导体运作,在遇到类似问题时,会避免对人的安全产生影响。

此外,超导储能技术在可再生能源中具有重要的应用及价值[2]。可再生能源的迅猛发展给电网的安全性和稳定性带来越来越严峻的挑战,而储能系统是提高电网安全性和稳定性的有效途径。储能技术应用于可再生能源发电,可以通过能量的快速充放来频繁地响应输出功率的波动,减轻对电网的负面影响,可以提高可再生能源电网的频率稳定性;参与电网的二次调频,可以在可再生能源限电时存储电能,在负荷高峰时向电网放电,提高可再生能源的消纳水平;可以提高含可再生能源电网的可调度性,优化电网的运行,也可以抑制电力系统的振荡,提高电网的稳定性。储能已经成为分布式可再生能源大规模接入电网的必然选择,储能应用于分布式可再生能源系统可以延缓电网扩容,提高频率和电压稳定性,提高电能质量和可靠性,减轻分布式发电的功率波动,从而有效提高分布式系统的效益。可再生能源对储能的迫切需求也促进了规模化储能技术的迅猛发展,截至 2016 年 10 月 31 日,除抽水储能外的兆瓦级储能工程全球已达 164 项,而可再生能源应用占全球储能技术应用市场的 43%,在各种应用中居首位。单个储能项目的容量也在不断刷新纪录,2016 年在中国张北投运的 16 MW/63 MW·h 级别的锂电池储能系统为当时世界最大的储能装置,2017 年年底在澳大利亚投运的 100 MW/129 MW·h 级别的锂电池储能项目进一步刷新了储能系统容量的世界纪录。储能对于可再生能源发展的重要性也引起了国家相关部门的高度重视,2015 年 3 月国务院印发的《关于进一步深化电力体制改革的若干意见》(中发〔2015〕9 号)中明确提到鼓励储能技术的应用来提高能源使用效率,加快推进储能等技术研发应用。2017 年,国家发展改革委、财政部、科技部、工信部、国家能源局等五部委联合印发了《关于促进储能技术与产业发展的指导意见》(发改能源〔2017〕1701 号),为推动储能技术与产业发展进一步营造了良好的政策环境。

在各种储能方式中,超导磁储能系统(Superconducting Magnetic Energy Storage System,SMES)具有效率高、功率密度高、响应速度快、循环次数无限等优点,有望在可再生能源领域发挥重要作用。SMES 的优点源于其基本原理,将能量以电磁能的形式存储在由超导带材绕制的超导磁体中,并在需要的时候通过功率调节系统释放出来。超导带材零电阻的特性决定了 SMES 具有效率高的优点,超导带材电流密度高的特点决定了 SMES 具有高功率密度的优点,其以电磁能直接存储能量的形式决定了 SMES 无需能量转换的环节,具有响应速度快的优点,而 SMES 在运行过程中,其无电化学反应和机械磨损的特点决定了其具有无限循环次数的优点。利用 SMES 效率高的优点,可以将其用于对可再生能源进行"削峰填谷",而利用其功率密度高、响应速度快、循环次数无限的优点,可以将其应用于解决可再生能源引发的电网暂态稳定性问题。

　　目前,SMES 在可再生能源领域的研究主要包括如下几个方面:① 平滑可再生能源输出功率,解决可再生能源发电的波动性问题,提高电网的频率稳定性;② 提高基于可再生能源的分布式电网及微电网的频率稳定性和电压稳定性;③ 提高可再生能源发电的故障穿越能力;④ 与其他超导电力装置的优化配置和协调控制。

　　可再生能源自身的随机性造成其发电的波动性,可再生能源发电的波动性导致了以下两个方面的负面影响:① 可再生能源发出电能的峰值而不是平均值决定了电网的传输容量,极大地增加了电网的建设成本;② 可再生能源发电的波动性对电网的稳定性和电能质量产生不利影响,其中对电网频率稳定性的影响尤为突出。研究表明,波动幅值在常规发电容量 5% 以上的功率波动将可能使系统频率偏差超过 ±1%,从而限制系统对可再生能源的消纳能力。

　　为了减轻可再生能源中风电并网对电网稳定性的影响,国家标准规定:在风电场容量小于 30 MW 时,1 min 波动最大值不超过 3 MW,10 min 不超过 10 MW;在风电场容量介于 30~50 MW 时,1 min 波动不超过额定值的 1/10,10 min 不超过额定值的 1/3;在风电场容量大于 150 MW 时,1 min 不超过 15 MW,10 min 不超过 50 MW。大容量光伏并网也会带来功率波动的问题,基于 SMES 效率高、响应速度快的特性,将其应用于可再生能源发电场中可以有效地平抑功率波动,并提高电网的频率稳定性。

　　在功率平滑控制策略方面,最常采用的是滤波的控制算法。该方法采用滤波器对可再生能源并网的功率值进行滤波,滤波前后的功差值作为 SMES 输出功率的给定值,采用二阶低通滤波器来实现。在针对风电场功率平滑的控制策略方面,有学者提出将 SMES 安装在含风电场的联络母线上,并提出了相应的鲁棒控制策略,以适应不同工况下的功率振荡抑制需求。也有学者将 SMES 应用于含感应风力发电机的风电场,基于模态控制理论,采用特征根分析的方法,提出用于平滑风电场功率输出和稳定风电场的阻尼控制策略,采用该控制策略一方面可以有效地平抑风电场的功率波动,另一方面还可以提高风电场故障后的恢复能力。另外,还有学者通过仿射投影算法来动态调节逆变器和斩波器中各个比例即积分控制器的参数，避免了精调参数所带来的巨大工作量，并取得了较好的仿真结果。

在频率稳定性控制方面，可采用多频带滤波器和超前滞后校正的方式，其中，低频带通滤波器提取的信号用于应对与传统电网互联的频率稳定性问题，而高频带通滤波器提取的信号用于解决微电网独立运行下频率波动的问题。也可将 SMES 和静止同步串联补偿装置用于平抑频率和互连线功率波动，采用和声搜索算法对系统参数进行优化，研究发现单独采用 SMES 与同时采用 SMES 和静止同步串联补偿装置相比更为经济有效。

目前，SMES 在抑制可再生能源功率波动方面采用了如下三种方式：① 直接用来平抑可再生能源功率波动；② 与电池储能相结合，构成混合型储能系统后用于平抑波动功率；③ 与氢储能深度融合，构成融合型储能系统后应用于可再生能源发电。

SMES 的核心部件是超导磁体，其对外等效为一个大电感。可利用其大电感的特性，将超导储能运用于直流环网中，作为直流电网的平波电感器，一方面可以平滑风力发电传输到直流电网上的功率，另一方面可以减小直流环网的容量。超导磁体被串联于直流输电系统的直流母线上，采用该结构一方面可以起到平抑功率波动的作用，另一方面还可以提高电网换相换流器高压直流输电的故障穿越能力，从而提高电网的可靠性。将超导磁体用于直流传输线路的平波电感器具有简单有效、无须增加附加设备的优点。然而该方式中超导磁体需要承受与直流母线相当的电压，这对超导磁体耐压能力提出了巨大的挑战。低温高压绝缘问题是超导电力应用的几个核心难题之一，在目前的技术条件下让超导磁体承受百千伏等级的电压仍有很高的难度。

也可将超导磁体用于单台风机中电流源变流器的平波电抗器，并起到平抑单台风机功率波动的作用。电压型拓扑结构中将 SMES 的斩波器并联在双馈感应发电机的直流母线上，从而节省了 SMES 自身所需的逆变器，简化了系统结构。仿真结果表明，该拓扑结构同样可以起到平抑有功波动的作用，在永磁同步发电机变流器的直流母线上并联 SMES 斩波器来平抑发电机输出的有功功率。

　　SMES 在光伏发电中的应用同样具有重要的研究价值。光伏发电的特性取决于太阳能辐照强度和模块温度，急剧的环境变化会造成太阳能发电功率的剧烈波动，对分布式电网的稳定性产生不良影响。通过斩波器将 SMES 并联于光伏发电的直流母线上，用单纯形算法来优化磁体的容量。通过仿真研究发现，将 SMES 应用于光伏发电，可以有效地平抑功率波动并稳定电网电压。针对该类应用，可以采用粒子群优化算法来同时优化超导磁体的容量、逆变器和斩波器的 PI 控制参数。

　　SMES 具有功率密度高的优点，但能量密度低，而电池具有能量密度高的优点，但功率密度低。将两者结合起来，采用电池-超导合储能系统（B-SMES）实现优势互补，则可以满足电网对从低频到高频全方位的功率响应需求。通过功率型储能环节对电网的暂态需求进行响应，还可以减少能量型储能环节的充放电次数，延长能量型储能环节的使用寿命，不但提升了系统的整体性能，还增加了系统的性价比。

　　电池具有电压源的性质，一般采用电压型拓扑结构。采用 B-SMES 来解决可再生能源分布式系统功率波动的问题，电网所需的高频功率由 SMES 来提供，而低频功率则由电池提供。采用该方案的好处是：① 由于充放电次数的减少，电池的使用寿命可以延长；② 由于减少了对储能量的要求，SMES 的体积和成本可以大大降低。

　　此外，也可采用双斩波器方案，采用该方案的优点是可以实现对 SMES 和电池更加灵活的功率和能量的调节，缺点是增加的电池储能斩波器会增加系统的功耗。将该方案应用于风力发电，可以用遗传算法优化的模糊控制器来调节两种储能方式的功率输出，从而更好地调节系统的荷电状态；采用改变滑动滤波器时间长度的方法来动态调节 B-SMES 中 SMES 发出的功率，以防止超导磁体电流超出安全运行范围。可将该方案应用于波浪能发电。波浪能发电的功率波动存在高频和低频两部分，高频部分波动频率 2 倍于海浪波动的频率，而低频部分波动频率受自然环境的影响较大，时长在几分钟到几小时之间。B-SMES 可以通过 SMES 补偿其高频波动，而用电池补偿其低频波动,从而可以给电网或者负载提供稳定的电能。

还可以采用独立的变流器构成混合储能系统,采用该拓扑结构的好处是各个储能单元有功和无功控制更加灵活,缺点是会带来更高的制造成本和损耗。在系统级的层面,采用模糊控制方法改变储能系统的输出,防止过充和过放;在装置级的层面,采用基于汉密尔顿模型的控制策略,提高闭环控制性能。

针对光伏应用场合,可以采用电流型的方案。由于蓄电池和光伏电池均有电压源的性质,因此需要采用双斩波器结构,第一个斩波器提供稳定的直流电压,第二个斩波器将电压源转换成电流源,而并网电流源变流器作为与电网连接的接口使用。超导磁体在正常状态下作为整个电流源系统的平波电抗器,一方面可以提供稳定的直流电流源,另一方面还能起到平滑有功功率的作用。在超导磁体失超时,超导磁体退出,由常规电抗器来维持系统正常运行。

在 SMES 中,低温制冷是一个极其重要的环节。采用制冷剂浸泡的方式进行制冷,具有冷却充分、热稳定性高等优点。高温 SMES 最常用的低温制冷剂是液氮,然而液氮的液化温度为 77 K,在该温区下高温超导带的临界电流不高。液氦的液化温度为 4.2 K,在该温区下超导带有很高的临界电流,但其制冷的效率很低。在液氦和液氮温区之间的制冷剂能够在临界电流和制冷效率之间取得较好的平衡。采用 22 K 的液氢制冷,其超导带的临界电流是液氮冷却的数倍;而与液氦冷却相比,其制冷效率和稳定性更高。同时,液氢还是燃料电池的主要组成部分,而燃料电池具有能量密度高的优点。将 SMES 与氢储能深度融合,构成氢-超导融合储能系统(H-SMES),一方面可以实现功率密度与能量密度的优势互补,另一方面可以节省 SMES 的低温制冷设备,提高总体制冷效率。日本于 2005 年提出采用液氢来冷却超导磁体,并提出了 H-SMES 的原理设计方案。其中,氢气通过电解产生,经过液化后对超导磁体提供制冷,并可以作为燃料电池的燃料在需要的时候释放出来。该设计方案用于对关键负载提供不间断电源。在电网断电后的前 1 min 由 SMES 快速供能,在燃料电池启动后,由其提供长达 10 h 的持续供能。

H-SMES 优异的性能引起了人们的广泛关注，将其应用于含可再生能源发电的分布式电力系统，其中氢储能的充电采用直流/直流（DC/DC）变流器提供的电解能来实现，而氢储能的放电通过燃料电池配合 DC/DC 变流器将能量回馈至直流母线来实现。在该系统中，SMES 起到类似于计算机内存的缓存作用，用于吸收可再生能源的高频功率波动和分布式电网中的突变负载对电网的冲击，保障电网的安全可靠运行，而氢储能则可以起到长周期"削峰填谷"的作用。

先进超导功率调节系统（ASPCS）由电解器、氢、燃料电池和 SMES 组成。其中，SMES 由给汽车供应燃料的液氢站提供的液氢冷却，通过卡尔曼滤波器预测可再生能源的功率输出，预测值和实际值之间产生的差额波动功率由 SMES 吸收或者释放，而系统向电网输出功率与预测功率之间的差额功率由电解器吸收或者由燃料电池释放。通过该系统可以将可再生能源产生的波动功率转化为稳定的功率向电网输出。小功率的实验样机可对 ASPCS 的概念进行验证，采用荷电状态反馈控制方法来防止超导磁体过充和过放，通过延长斩波器续流状态的方法可以减小超导磁体电流的波纹，从而降低交流损耗。

H-SMES 从原理上省去了一套低温制冷系统，具有较高的性价比，而其自身的缺陷主要表现在以下两个方面：① 氢气是一种可燃气体，将其液化后作为电力装备的制冷剂具有一定的危险性；② 采用电解制氢再用燃料电池发电的方式目前效率较低，理论上氢转换电的效率可达 50%，但是与电池储能 85% 的效率相比还有一定的差距。

新能源发电的不稳定性及其与电网的弱连接特性给电网的稳定性带来巨大的挑战，而 SMES 具有快速功率响应的特性，可以快速地补充电网和负载之间的不平衡功率，从而解决暂态功率失衡引起的稳定性问题，其应用主要包括解决电网故障引发的暂态稳定性问题和辅助孤岛模式切换两个方面。

含风力发电机的电网在发生短路故障及其重合闸过程中，容易引发风力发电机转子转速、有功功率和端电压失稳，故障清除后也无法恢复正常运行。有人将 SMES 应用于含同步发电机和感应风力发电机的电网，分别提出了 SMES 和风力发电机桨距的模糊控制方法。经仿真分析，SMES 与桨距控制相比，能够更好地稳定风力发电机转子转速、有功功率、端电压和同步发电机的负载角。

为了实现对关键负荷不间断供电，人们设计了微电网。在大电网发生故障时，微电网需要通过断路器和大电网分离，以保证自身能持续安全运行。然而微电网脱网过程引发的暂态供需不平衡会引起电压和频率的振荡，对微电网可靠性和电能质量带来严重影响。平滑微电网模式转换过程已成为提高微电网可靠性的一个关键技术。

有学者对含燃气轮机的微电网脱网问题进行研究，发现由于燃气轮机热备用不足、反应缓慢，无法足够迅速地对微电网提供频率支持，只能通过甩负荷的方式来维持频率稳定，有可能导致关键负荷断电并造成严重的经济损失。而 SMES 在微电网和大电网脱离后，可以迅速地对微电网提供有功支持，平衡微电网内负荷和电源之间的功率差，从而迅速地稳定微电网的频率，保证了关键负荷能够安全稳定运行。SMES 的无功支持作用还可以在与大电网脱离时迅速地稳定微电网的电压，全方位支持微电网从联网模式向孤岛模式的转变。

新能源发电中的双馈式感应发电机（DFIG）是风力发电的主力机型，具有体积小、质量轻、成本低等优点，占据了超过 50% 的风电市场。虽然有上述优点，但是 DFIG 对电网故障极其敏感，当电网发生故障产生电压暂降或者骤升时，会在 DFIG 的定子上产生零负序磁链，从而感生出超过转子变流器控制能力数倍的电压，进而产生过电流和过转矩，危害 DFIG 的安全运行。利用 SMES 快响应和大电感的特性可以在故障状态下提高 DFIG 故障穿越能力，主要包括以下三种方式：① 并联稳压，将 SMES 与 DFIG 并联，通过注入电流作用在电网的阻抗上形成补偿电压，从而抬升或者降低电网电压，以尽可能将电网电压恢复到额定值；② 以串联稳压控制的方式，通过串联变流器输出与电网突变幅值相同、相位相反的电压，来保持机端电压稳定,进而维持 DFIG 正常运行;③ 采用串联限流的方式,通过将 SMES 的超导磁体串入 DFIG 和电网之间,限制 DFIG 的定转子过电流和过转矩。

　　将 SMES 并联在 DFIG 的交流电压母线上,在故障状态下,SMES 发出用于稳定电网电压的电流,减轻了电网故障的程度,从而改善了 DFIG 的故障穿越能力。仿真结果表明,该方式可以在一定程度上改善 DFIG 的故障穿越性能。将 SMES 并联在含风电和光伏电网的交流母线上,在发生电压暂降时,SMES 以最大有功功率放电,而在电压恢复时,SMES 以最大有功功率充电,该有功电流作用在系统阻抗上,一定程度上可以改善电网电压。并联稳压的方式只能通过注入电流影响系统阻抗上的电压来间接改变 DFIG 的并网电压,由于电网的短路阻抗一般不超过标准值的 5%,因此,即便发出与电网容量相同的功率,对电网电压的影响也非常小,仍无法从根本上解决 DFIG 的故障穿越问题。除电网故障外,DFIG 变流器自身的故障也会造成 DFIG 输出功率和电网电压的剧烈波动,并造成轴转速失稳。采用 SMES 进行并联稳压后,能够在一定程度上减轻 DFIG 对电网的影响,并能稳定轴转速。

　　电网故障对风机最直接的影响就是端部电压暂降或者骤升,如果能补偿电网电压的突变,则能够从根本上消除电网故障对风机的影响。将 SMES 通过串并联变流器连接在电网和风机之间,其中串联变流器起到稳定风机端部电压的作用,从而隔绝了电网故障对风机的影响。

　　集成 SMES 和电流型串联网侧变流器的双馈型风力发电系统,将电流型串联网侧变流器的交流输出端串联在电网和 DFIG 之间,在电网发生故障时,起到稳定机端电压的作用;而 DFIG 的网侧和转子变流器均采用电流型的拓扑结构,其直流端与串联网侧变流器、超导磁体连接成一个闭环系统,通过调节超导磁体的电流,还可以起到平滑 DFIG 输出有功功率的作用。

　　电网发生故障时,DFIG 最直接的反应就是定转子过电流。限制定转子过电流可以保护转子变流器,减轻过转矩,从而提高 DFIG 的故障穿越能力。采用常规的桥路型和开关型限流器来提高 DFIG 的故障穿越能力,取得了很好的故障穿越效果。由于 SMES 的超导磁体本身具有大电感的特性,因此可以同时用来故障限流和储能。

另一种结构为电压型和电流型的拓扑结构,该系统用一个超导磁体同时实现了限流和储能的功能,限流的功能利用超导磁体大电感的特性限制 DFIG 定转子过电流,从而提高了 DFIG 的故障穿越能力。

应用于风电场的拓扑结构验证了该方案运用于风电场同样有效,该拓扑结构在故障限流方面采用了带旁路电阻的拓扑结构,可以防止超导磁体过电流,有效地保证了超导磁体的安全运行;在变流器方面采用模块化的设计方案,一方面提高了性能,另一方面还有利于安装和维护。

应用于风电场的集成 DFIG 的超导限流-储能系统(SFCL-MES)于 2017 年年初在甘肃省玉门市低窝铺风电场实现并网运行。实验测试和并网运行结果表明,该装置有效地调节了风电入网功率,并具有很强的故障限流能力。随后,人们提出了改进的超导磁体和转子变流器控制方法。

SMES 与其他超导电力装置,尤其是与超导限流器(SFCL)相结合,能够实现单一超导电力装置无法实现的功能,对电网和电力装置可以提供更为全面的保护和支持。采用 SFCL 和 SMES 可以提高 DFIG 的低电压穿越能力和功率输出稳定性,其中 SFCL 用来限制故障电流,减轻 DFIG 端部电压暂降,并抑制故障过程中的功率波动,而 SMES 用来进一步平滑功率波动。

采用 SMES 和 SFCL 集成于微电网的协调控制方法,可以在不可恢复故障下将微电网从主网中平顺脱离,并可以提高微电网在暂态故障下的故障穿越能力。采用无线通信的形式来协调 SMES 和 SFCL 的控制,仿真结果证明了在一定通信延迟下该系统仍然能较为可靠地运行。

SMES 不论从功率还是从储能量来说,均不存在发展的技术瓶颈。现有技术已能够支持研发 100 MW/1 GJ 级的 SMES。

在功率方面,10 MW 级的 SMES 已有研发先例。1983 年,美国研制了一台 10 MW/30 MJ 级的 SMES,并成功抑制了美国西部一条 500 kV 交流输电线路上的低频功率振荡。2009 年,日本研制成功 10 MW/20 MJ 级的

SMES,并将该装置连接在一个水电站和轧钢厂之间,有效地抑制了轧钢厂的功率波动,提高了电网的稳定性和电能质量。而用于国际热核聚变反应堆超导磁体供电电源的设计容量已达 144 MW。基于模块化的功率变流器设计技术,SMES 的功率还可以通过调节功率模块的数量灵活拓展,因此,目前发展 100 MW 及以上级别的 SMES 功率变流器已存在技术上的可行性。

在储能方面,100 MJ 级的超导磁体已有研制先例。2002 年,美国完成 100 MJ 级的 SMES 系统设计与样机组装测试。欧洲核子研究组织所研制的用于大型强子对撞机所用的超导磁体,其直径 6 m,储能达到 2.9 GJ（0.8 MW·h）。从综合功率和储能的技术储备来看,目前发展 100 MW/1 GJ 级的 SMES 已存在技术上的可行性,如果能够得到企业和政府的支持,SMES 技术和相关产业有可能得到突破性的发展。

日本超导储能研究协会对抽水蓄能和低温 SMES 的全生命周期成本进行了比较。从比较结果来看,低温 SMES 的单位功率年均使用成本比抽水蓄能低 50%～60%,在功率型应用中具有较高的商业价值。从工程实践所获得的数据来看,目前 SMES 单位储能量的成本远高于抽水蓄能和电池储能,因此 SMES 比较适合于分钟量级以下的应用场合,在 10 s 以内暂态储能应用中,具有较高的性价比优势。

从性价比的角度来说,高温和低温 SMES 存在较大差距,然而高温 SMES 的优势在于:在其运行温区下,低温制冷的效率比低温 SMES 所在液氦运行温区高两个数量级。在需要对电网进行不间断高频功率补偿的场合,超导磁体存在较高的交流损耗,在此工况下低温 SMES 的制冷功率无法满足要求,采用高温 SMES 是唯一的选择。考虑到高温超导磁体的造价,采用低温 SMES 和高温 SMES 等混合储能的方式是目前性价比较高的选择。

目前 SMES 在可再生能源中的应用研究以仿真研究为主,小样机实验或者并网运行的项目不多。SMES 完全可以应用于可再生能源发电,并利用其快速响应特性解决新能源发电中的高频功率波动问题。同时,利用其大电感特性,通过适当的电力电子拓扑结构和控制策略,还可以在故障状态下将超导磁体串入电网,抑制可再生能源发电场故障过电流,提高可再生能源并网的可靠性。该装置在长时间运行中已经历过各种工况的考验,证明了其可靠性和有效性。高温超导体从本质上来说是一种陶瓷材料,原材料成本较低,然而受目前制造工艺的限制,制造成本却较高,导致目前价格居高不下,从经济上来说目前还无法满足商业应用的要求。但是随着超导带材制造工艺的逐渐成熟,高温超导带材的价格未来有可能大幅地降低并使得高温 SMES 达到商业应用的要求。

从目前 SMES 在可再生能源应用方面的研究来看,这些研究均与可再生能源功率输出不稳定和并网可靠性低两个问题紧密结合,而这两个问题也是目前阻碍可再生能源发展的两个最大障碍。基于 SMES 高功率密度、快响应速度的功率型储能特性,在单独使用 SMES 解决功率输出不稳定问题方面,比较适合用于平抑短时功率波动,解决电网暂态频率稳定性问题;而在解决中长期功率稳定性问题方面,适合与蓄电池或者储氢等能量型的储能方式相结合,构成混合型储能系统,以满足电网全方位的功率需求。利用 SMES 的快速响应特性,还可以用于解决微电网的暂态稳定性问题,平滑微电网孤岛模式切换过程,并对可再生能源的故障穿越提供功率支持;而利用 SMES 的大电感特性,还可以限制可再生能源发电的故障过电流,提高可再生能源的故障穿越能力。

总而言之,目前 SMES 在可再生能源的应用研究方面都切合了可再生能源和 SMES 自身的特性,对于两者的发展都能起到积极的推动作用。SMES 虽然在可再生能源领域具有重要的应用价值,但是目前还未达到商业化应用的水平。要实现 SMES 在可再生能源领域的商业应用,除了超导带材制造工艺需要提高、制造成本急需降低外,SMES 系统自身尚需要突破如下核心关键技术。

(1)实现高效率、宽功率运行范围大功率变流技术。随着可再生能源规模化发展,电网对 100 MW 级的储能系统需求日益增长。100 MW 级的超导磁体供电电源虽然已在核聚变领域完成设计,但是该方案尚未完成样机研发。同时 SMES 与核聚变的应用场合也有所不同,不但需要通过控制有功功率来调节超导磁体电流,还需要通过控制无功功率对电网电压形成有效的支撑。SMES在电网尤其是在可再生能源应用方面,需要一个更宽泛的功率运行范围以实现对电网更有力的有功和无功支持。

(2)大容量高温超导磁体运行电流可达千安以上的级别,而目前商业化高温超导带材的临界电流一般在百安量级,多带并联是解决高温超导储能的一个必然途径。不同超导带材之间参数或多或少会存在一些差异,多带并联必然涉及并联均流的难题。电流分配不均不但会造成超导带材的浪费,还有可能因某个支路分配不均而导致该支路超导带材失超,其他超导支路将分配更多的电流,导致"雪崩效应",从而造成更大范围的失超,损坏超导磁体。已有研究采用导线换位、空间位形排布和阻性均流等方式,这些方式存在工艺复杂、体积较大、增加额外损耗等缺点。同时,这些方法还缺乏深入的理论分析。由于高温超导带材受磁场的影响很大,导电性存在明显的各向异性,因此,需要根据磁场-电流特性,深入探究电流分布情况,并以此为基础,设计并优化均流方法。

(3)深入研究低温高压绝缘技术。SMES的功率等于超导磁体端电压和电流的乘积,输出功率越大,端电压越高。SMES的制冷一般采用液氮、液氢和液氦等制冷剂进行浸泡冷却的方案,SMES在充放电的过程中会产生交流损耗,导致制冷剂中产生气泡,气泡有较小的介电常数、较低的介电强度,却要产生较大的电场。气泡的产生导致绝缘结构的变化,形成气相-液相-固相多重绝缘结构,对超导磁体的整体绝缘性能产生重要影响。目前在这方面的研究还较少,还需要对此进行更深入的研究,以提出优化的绝缘结构,减少气泡对绝缘性能的不利影响。

(4)SMES在线监测需要实现失超预警和保护的功能。SMES在运行状态下,磁体两端承受高频高压方波脉冲电压,而超导磁体在临界失超状态下的失超电压信号较为微弱,如何将微弱的失超电压信号从高频高压方波脉冲信号的干扰中提取出来,从而实现失超的预警和保护仍然是一个需要深入研究的课题。同时,超导磁体的通流能力与温度相关,SMES在充放电时会造成局部温升,导致临界电流降低,为了防止失超,需要建立SMES实时最大输出能力模型,将超导磁体的输出功率控制在安全范围之内,以保证系统安全可靠运行。

(5)超导磁体具有无阻通流的特性,本身具有效率高的优点,但超导磁体工作在低温下才能保持超导态,这就需要具有良好保温效果的低温杜瓦和制冷机来维持低温环境。低温制冷系统的损耗为 SMES 的主要损耗来源,是决定 SMES 整体效率的关键因素。低温制冷系统的效率取决于两个方面,一个是低温杜瓦的保温效果,另一个是低温制冷机的效率。为了保证保温效果,低温杜瓦目前一般采用多层保温结构设计,包括杜瓦内外胆、含超级绝热材料的真空夹层、液氮槽夹层、高温超导电流引线等部件,以此来尽量减少超导磁体与外部环境的热交换。而制冷机可采用多级制冷的方式,以尽量增加在不同温区的制冷效率。低温制冷技术已研究多年,但是仍然有较大的改进空间。在低温杜瓦设计方面,尚缺乏根据 SMES 的运行特性进行多层保温结构全局优化设计方面的研究。而在低温制冷方面,除了制冷机自身还存在优化设计的空间外,在制冷机的运行方面还有很大提升空间。目前制冷机均采用恒功率输出的模式,制冷效率较低。可以考虑和 SMES 运行的工况相结合,动态调节制冷功率,从而尽量减小制冷机的功耗,改善系统的整体效率。

随着可再生能源发电成本的不断降低,可再生能源也朝着规模化、大容量化的方向发展。而 SMES 与其他储能方式相比,其突出的优点是单位功率的造价低、功率密度高、单机可以做到 100 MW 的功率水平,特别适用于解决未来大规模可再生能源并网发电的暂态稳定性问题。SMES 在该领域的应用和推广,对于可再生能源的持续健康发展和超导电力技术的商业化都具有重要意义,是 SMES 未来的一个主要发展方向。

第 2 章　高压科学概述

2.1　高压科学的发展

　　高压已经成为现代科学的一门重要技术手段,高压科学的研究对象是在高压作用下物质的结构和性质,该研究领域目前正在受到越来越多的关注。压力作为一个独立的、可控的研究物质性质的手段,已经渗透到多学科的前沿课题研究中,极大地拓宽了物理学、材料学、地质学、化学、生物工程、药物学等学科的研究范围。

　　压力作为与温度同等地位的、决定物质状态的热力学参量,可以独立地改变凝聚态物质在常压下稳定存在的形式,并诱导其电子结构或者晶体结构的改变,而且在很多情况下它们是相互关联的。因此,在现代凝聚态物理的研究中,高压技术对于推动凝聚态物理的进展起到了越来越重要的作用,因为其不仅可以诱导出奇异微观量子态,更可以诱导出新的物质形态,同时还可以用来检验已存在的理论模型或者用以澄清可以起到决定作用的物理量。

　　对于大多数凝聚态物质而言,在 100 GPa(1 GPa＝1 万大气压)的范围内平均会经历 5 次结构相变,而不同的晶体结构往往具有不同的物理性质;即便是晶体结构不发生改变,凝聚态物质中原子间距离也可以被压力精确地进行调节,从而改变原子之间的相互作用能、轨道重叠积分以及能带宽度,进而改变电子-晶格、电子-电子等之间的微观相互作用,从而可以作为强有力手段进行物质微观量子态的调控。特别是在现代凝聚态物理研究的焦点领域之一——强关联电子体系中，电子存在包括自旋、轨道、晶格、电荷多个自由度，它们之间复杂且微妙的相互作用导致了体系存在多种相互竞争的基态，通过压力可以调控这些相互作用之间的平衡，从而实现截然不同的微观量子态，出现诸如绝缘体→金属→超导的转变。因此，高压是探索新奇物态和奇特物理现象的重要调控手段。另外，压力还可以将巡游电子磁性材料的磁有序温度抑制到绝对零度附近，在量子临界区域附近观察到与量子临界涨落相关联的非费米液体行为和非常规的超导电性。这些压力导致的新奇物理现象对目前的理论研究提供了机遇。例如，通过分析超导体临界温度的压力效应可以获得其微观机制的信息，而且对于设计、合成具有更高临界温度的超导体具有非常重要的指导意义。综上所述，利用高压技术测量原位下材料的物理性质是现代凝聚态物理研究中一个独特、不可缺少的重要研究手段，其不仅可以探索、揭示许多新奇的物理现象，更为建立基础的理论模型提供了实验依据。而且，进一步将高压与极低温等极端条件联合起来，可以大大拓展物质科学的研究维度，为进一步的科学研究提供强有力的平台。

有些物质在高压下通过相变形成的新结构往往能以亚稳态长期保存在常压下，从而获得新的人工合成材料。最典型的例子就是石墨在高温高压下转变成金刚石，现在人造金刚石已经能大量生产，并在相当大的范围内替代了天然金刚石。压力同样可以有效地修改组成结构的相图，这导致出现传统化学配比之外的特殊的化学计量，如在氯和钠的化合物中，除了 NaCl 之外，在高压下还存在 $NaCl_7$、Na_3Cl、$NaCl_3$。高压还能通过影响电子轨道和它们的占位来影响元素间的化学反应，如 H_2O-H_2 和 CH_4-H_2 的混合物。在冲击高压作用下，铁电性材料或铁磁性材料会发生一系列的相变，利用这种高压相变中释放的能量，可制成一种脉冲式电源。利用动高压技术中的飞片技术压缩磁场的原理，可制成一种脉冲式电流放大器。高压在探索其他类型新材料上也是十分有用的，数万大气压能使赤磷变成具有导体性质的黑磷。

近年来,随着实验手段的不断进步,高压实验已经成为诸多科学研究领域中重要的技术手段,并获得了众多成果。例如,在行星和地球科学领域,对铁及其化合物在高温高压下晶体结构和力学性质的研究,发现了极端条件下的融化规律,并构建了相图;对稀有气体在高压下晶体化的研究,预测了稀有气体元素在地核内部的存在形式。在凝聚态物理学领域,碱金属 Na 会在高压下转变成为绝缘体;H_2S 在 141 GPa 下转变成 H_3S,其超导起始转变温度能达到 203 K。根据最近的报道,在实验中发现了富氢化合物 LaH_{10} 在 188 GPa 下超导转变温度达到了 260 K 的证据。这些进展在金属氢和高温超导体的研究中具有相当重要的意义。在材料科学中,高压下形成的 CO 聚合物以及氮的聚合物,为新型高能材料的合成提供了方案;高压下单质硅的同素异形体具有优异的光电转换性能。此外,还可以通过高压手段,实现对材料硬度、磁性、拓扑性质等多种物理性质的调控和转换。

在实验中,研究人员习惯将 1.2～5 GPa 压力区间内的压力定义为高压范围,压力超过 5 GPa 则属于超高压范围。现在,超高静态压力产生装置已经可以产生超过 560 GPa 的静水压力。

以实现高压的技术手段为依据,高压研究可分为两大方向:动高压和静高压。动高压通常是通过化学能或者电磁能的转换,对研究对象进行轰击或者撞击,进而在局部和瞬时得到高温高压环境,再对研究对象的一系列物理性质进行观测研究。动高压能在瞬时产生最高超过 1 000 GPa 甚至更高的压强,但持续时间短、压力变化剧烈,还伴随着温度的剧烈变化,这对实验装置和检测手段都有着很高的要求。动高压实验能让人们在实验室中模拟出天体撞击时的极端情况,这尤其对行星科学的发展有着重要的意义。而静高压实验则相对成本比较低,所以被广泛使用并得到了大量的科研成果,常见的实验装置包括大压力机和金刚石压腔(Diamond Anvil Cell,简称 DAC)。大压力机常见的有多面顶压机和活塞-圆筒压机,能得到最高温度 2 000 ℃和最高压强 25 GPa 的环境。DAC 在高压科学的研究上有着更加广泛的应用。特殊构型的 DAC 甚至可以提供稳定的、超过300 GPa 的静态超高压强,再结合激光加温等技术,可以有效地模拟极端环境,如地球内部环境。但是,由于 DAC 装置本身的限制,测量样品的大小和质量都非常有限。DAC 还可以和多种测量手段相结合进行原位测量,如红外光谱实验、拉曼散射光谱实验、X 射线衍射实验、电输运实验、磁输运实验等。因此,通过高压实验测量,人们能得到实验样品在高压下的电学、磁学和光学等方面多种性质的变化,拓展人们对物理体系在极端条件下物理物性的认知。

早在 1762 年,坎顿就对水进行了压缩实验,这可以看作是最早的高压实验。在这之后的多年,高压实验都是围绕着液体的压缩性开展的。直到 1903 年阿马伽发明了活塞压力计并建立了压力计量基础,研究人员才开始对固体物质的性质随压力的变化而发生改变进行研究。但是在上述的 140 多年时间里,因为技术手段的限制,高压研究一直都在较低压力范围内进行。这一时期的高压产生装置以无源的保压容器和活塞圆筒为主,所达到的压力一般小于 1 GPa。

哈伯和博施利用 10^7 GPa 的高压成功合成了氨,这是高压发展过程中的一个重要的里程碑,两位科学家也因此分别获得了 1918 年和 1931 年的诺贝尔化学奖。这也是高压在化学中应用的开始。

随着高压技术的发展,高压物质科学研究的范畴也在不断地扩大。在 20 世纪早期,布里奇曼首先提出把压力作为物质科学研究的调控手段,通过开发对顶砧式高压设备与活塞-圆筒压腔,成功地实现了 10 GPa 内的电阻以及压缩率测试。人工金刚石的合成,使得具有可支撑锥形的对顶砧设备不断向前发展。之后,又有科学家把高压物性测量的范围进一步拓展,实现了 50 GPa 范围内的光吸收、电阻、X 射线衍射以及穆斯堡尔谱的测试。在 1970 年以后,金刚石对顶砧成为研究高压光学谱、振动谱以及 X 射线衍射谱最有力的工具,不断推动着高压物质科学的进步。但是,金刚石对顶砧 DAC 的样品腔较小,使得其在准静水压电输运性质方面的发展受到很大的限制。在 1990 年前后,日本东京大学物性研究所的莫里教授开发了基于立方六面砧压腔的原位高压低温测试装置,它的核心部分采用一对对称的压砧导向块同步驱动 6 个锤头从 3 个方向挤压中心的立方密封边。在密封边的中心放有充满液体传压介质的特氟龙胶囊,样品放置在胶囊之中,相比于金刚石对顶砧压腔和布里奇曼对顶砧压腔,这种采用三轴加压方式和液体传压介质的高压低温装置可以提供非常好的准静水压环境,从而可以获得更加精确的电输运数据。

由于大腔体准静水压技术的不断推进和发展,高压下电输运性质测量成为高压物性研究中应用最广泛的技术,它帮助科研人员不断探究凝聚态物质在高压下的奇特行为,同时观测到了诸多常压下无法观测到的新奇物理现象。高压低温下的电输运测试在非常规超导研究领域也起到了非常重要的作用。无论是早期发现的铜基超导体,还是在 2008 年发现的铁基高温超导体系,科研人员在发现初期都开展了大量详细的高压电输运测量,正是由于在高压实验中观察到正的压力系数,才启发科研人员通过化学压力合成离子半径较小的化合物,获得了更高超导转变温度的超导体。目前,铜氧化物高温超导体的最高 T_c 为 160 K 就是对 $HgBa_2Ca_2Cu_3O_{8+\delta}$(常压下 T_c 为 135 K)施加约 10 GPa 的高压实现的。除了能够指导常压下的材料合成,高压低温下的电输运测量也成为近年来探索新型非常规超导体和与之相关反常物理现象的有效手段。近几年,科研人员采用高压低温下电阻率测量在多个重要体系中发现了新型的超导体。在铁基超导体领域,中国科学院物理研究所赵忠贤院士团队发现在 FeSe 基超导体 $A_xFe_{2-y}Se_2$ 中,高压首先压制其超导转变,而后又在 10 GPa 以上诱导出了 T_c 接近 50 K 的超导 Ⅱ 相;日本的研究小组发现具有自旋梯子结构的 $BaFe_2S_3$ 材料在压力达到 10 GPa 附近时发生了莫特绝缘体到超导体的转变。

同时,在探索新型超导体方面,中国科学院物理研究所的程金光研究员与日本东京大学物性研究所合作,利用高压分别抑制了 CrAs 与 MnP 的螺旋反铁磁有序,在它们的磁性临界点附近首次观察到超导电性,相继实现了第一个铬基和锰基化合物超导体,从而开拓了探索铬基和锰基非常规超导体的新领域。在较为传统的重费米子领域,高压调控更是扮演着举足轻重的角色。例如,第一个重费米子超导体 $CeCu_2Si_2$ 在压力下可以依次诱导出现反铁磁序临界点和元素化合价态的不稳定性,从而出现两个相对独立的超导区域;而第一个镱(Yb)基重费米子超导体 β-YbAlB₄在高压下则诱导形成了长程反铁磁有序状态。对于近来研究非常多的拓扑电子材料体系,高压作为可以打破拓扑保护的时间反演对称性和空间反演对称性的调控手段而被广泛采用,在多个拓扑绝缘体和拓扑半金属体系中观测到了压力诱导的超导电性,这对于探索拓扑超导和高压诱导拓扑相变都具有重要意义。

上述的研究进展充分表明了高压物性调控在探索新材料、发现新现象、构筑新物态方面发挥了非常独特且卓有成效的作用。

2.2　高压合成装置简介

研究物质在高压下的性质时,需要将物质置于高压腔体中。对于科学研究来说,高压腔体一般不能太小,内部的压力梯度不能太大,最好能产生准静水压。常见的高压装置有活塞-圆筒型压机、布里奇曼型压机、多压砧型压机、金刚石对顶砧压机等。这些压机中必须含有能够移动的部件以压缩高压腔体中的物质,从而产生高压。不同的压机由于产生高压的方式不同,因此所能达到的极限压力也不同。活塞-圆筒型压机是一种很常见的高温高压两面顶压机,其可以提供较大体积的高压腔体,通过施加的力和活塞的面积也可以精确地确定压力。在活塞-圆筒装置中可以方便地引入加热部件,实现精准的温度控制。目前,活塞-圆筒装置广泛地用于 5 GPa 以下样品的合成,也可以为更高压力下的进一步实验进行前期预压工作。

活塞-圆筒型压机一般可分为三个部分:① 油压系统,用于提供高压所需要的外在加载力;② 高压模块单元,提供高压腔体,主要包括压力盘、活塞等;③ 样品组装部分,包含传压介质、密封材料、加热元件、样品舱等。

活塞-圆筒模块中的圆筒,常被称为压力盘,可以为单一圆筒、组合圆筒或自紧圆筒,为了达到更高的使用压力,一般使用组合圆筒且内筒一般由弹性模量高的碳化钨硬质合金制成。碳化钨的压缩屈服强度可以达到 5

GPa,但这种材料的拉伸强度极差,因此,常常还利用钢制的外筒对其施加接近压缩屈服强度的预应力。提高圆筒装置压力的另一个方法是使用扁的圆筒。对于圆筒装置,中心高压区附近的材料应力很集中,周围材料对这部分材料起到了大质量支撑的作用。实验结果表明,扁圆筒的极限工作压力一般为长圆筒的 2 倍,常用圆筒内外径之比约为 1∶10。

活塞一般也由碳化钨硬质合金制成,其主要承受轴向应力。工作时,活塞进入圆筒的部分除了承受轴向压力外,还受到了圆筒的径向压力。而露在圆筒外面的部分,由于没有受到这层径向支撑力的作用,其径向的膨胀很容易发生剪切形变致使活塞损坏。因此,实验中常常利用受压缩的液体或者软固体来给活塞侧面提供这种径向力支撑,以提高活塞使用强度。活塞的直径通常为 1～2 cm,而样品的体积一般不超过 0.5 cm³。

活塞和圆筒之间存在一定的间隙,在高压状态下内部的样品很容易被挤压出来,因此实验中还需要对高压腔体进行密封。常用的方法是在圆筒的两端垫上密封垫,常用的密封垫由钢环、圆片等制成。若腔体比较长,也可以考虑用长筒状叶蜡石作为密封材料。

样品组装时,活塞、圆筒并不是直接和样品接触的,否则样品会处于非常不均匀的压力环境中,压力梯度非常大,使用传压介质可以很好地解决这个问题。在高压腔中加入传压介质后,压力通过传压介质传到样品上,进而能得到静水压环境。传压介质有气体传压介质、液体传压介质和固体传压介质三种形态。前两者压力梯度极小,是真正的静水压,主要用于金刚石对顶型压机。液体传压介质容易调配,操作相对简单,但液体传压介质通常会在达到实验的目标压强之前发生固化,因而液体传压介质只能在一定的范围内维持静水压环境。气体传压介质能在更大的压力范围内维持静水压环境,由于通入的是高压气体(常压气体在高压下体积迅速减小,不利于维持静水压环境),因而需要使用专门的设备。严格来说,若压力进一步提高,气体传压介质同样会出现固化现象,此时的压力环境被认为是准静水压环境。

选择传压介质时,综合考虑以下的因素:是否与样品发生化学反应、静水压范围、绝缘性能、热稳定性和热导率、透光性以及光学信号干扰。最常用的常压介质为硅油,体积比 4∶1 的甲醇和乙醇混合物以及体积比为 16∶3∶1 的甲醇、乙醇、水混合物。这类液体传压介质具有制备简单、容易保存、光学信号对 X 光衍射实验和拉曼散射实验的干扰小等优点。常温下,硅油能在 4 GPa 内保持静水压性能,醇和水的混合物则可达到 10 GPa。

1 GPa 以下的定标点很多,常用的是水银的凝固线,利用电阻很容易检测,相变的灵敏度较高。2 GPa 以上的压力标定点有 Bi 的 I → II 相变(2.55 GPa,25 ℃)、Ti 的 II → III 相变(2.68 GPa,25 ℃)、Cs 的 II → III 相变(4.2 GPa,25 ℃)、Ba 的 I → II 相变(5.5 GPa,25 ℃)等。

气体传压介质多采用惰性气体,如 He、Ne、Ar,此外 N_2 也能作为传压介质。气体分子越小,力学性能越好,维持静水压性质的上限压强也越高。需要指出的是,He 在高压下会渗入样品,尤其是具有笼形结构的或者空隙较大的样品。再综合考虑成本、运输、保存等多种因素,因此实验中多采用 Ne 或者 Ar 作为气体传压介质。

固体传压介质主要用于大腔体压机,为了产生接近静水压的效果,固体传压介质一般需要满足:① 内摩擦系数小,以保证压力的均匀性;② 体积压缩率小,可以有效增压;③ 高温高压条件下化学性质稳定和热稳定,避免与压砧发生化学反应损坏压砧;④ 熔点高,压力上升熔点也上升;⑤ 低的电导率和热导率,方便加热和保温。

由于液体或者气体传压介质在大舱体压机里面很难被密封住,因此大舱体压机往往都采用固体传压介质。常见的固体传压介质有叶蜡石、氧化镁、氧化锆等。叶蜡石是一种层状硅铝酸盐,其化学结构式为 $Al_2(Si_4O_{10})(OH)_2$。叶蜡石质地细腻,硬度较低,非常适合作为传压介质,但其在 20 GPa 以上的高压以及高温下,很容易分解成刚玉和超石英,造成压力骤降。氧化镁作为一种陶瓷材料,其化学性质稳定,但硬度较高,流动性能差。若将氧化镁材料放于 1 000 ℃ 的条件下烧结成半烧结状态,让其空隙率保持在 40%,则可以明显降低硬度,成为传压介质的优良选择。氧化镁材料还具有良好的导热性,实验上很难加热到高温,在进行八面体组装时,常常将氧化锆等加入氧化镁,以降低其导热性能。

　　活塞-圆筒的组装部分常常包括样品舱、热电偶、石墨以及氧化镁传压介质。石墨和热电偶分别用于加热样品和探测温度;氧化镁具有非常小的剪切应力,高温下非常稳定,非常适合成为传压介质。实验时,样品仓放在石墨的中间,上下部分均放上氧化镁,石墨套在耐热玻璃中,最后被滑石套管包裹。基座部分常常选用 304 不锈钢柱导电,不锈钢柱外套叶蜡石套管,叶蜡石主要起密封高压腔及绝缘的作用。

　　高压实验的样品舱一般起到保护与封装样品的作用,常采用化学稳定性很好的材料。常见的样品舱材料有六角氮化硼、石墨、铂、金、钼等,一般根据不同的实验生长条件选用不同的样品舱。使用金属样品舱时,需要用点焊机焊接密封,且金属样品舱与发热体之间需要用六角氮化硼管套进行绝缘保护。

　　高压合成实验在装置运行时,需要对压力和温度进行监测。这些物理量的测量一般有两种方法:间接测量法和直接测量法。压力的直接测量可以通过测量面积和面上施加的力来计算相应的压力值,即 $p = F/S$。活塞-圆筒装置压力的确定用的就是这种直接测量法。

　　压力标定,即确定液压机的油压与样品腔内的实际压强之间的关系。通常的方法是利用一些金属或半导体在某些固定压力下发生相变时电阻率会出现突变的性质,通过测量标样的电阻突变点来标定压力。根据不同的压力范围采用不同的金属作为标压物质,对于六面顶国产大压机,通常采用金属铋和钡作为标压材料,确定相变点的油压之后,通过拟合即可得到压力随油压的变化关系。

　　高压实验许多情况下都需要一个高温的环境,常见的产生高温的方法有电阻加热和激光加热。

　　温度标定,即通过热电偶测试来建立样品腔内部温度与外部加热功率之间的关系,以确定高压高温实验的温度范围以及是否具有可重复性。对于活塞-圆筒装置,由于压砧对激光不透明,所以采用电阻加热的方式。活塞-圆筒装置中使用最多的加热材料是石墨,其易加工、质地软、传压性好,可适用于高达 2 500 K、11 GPa 左右的温度和压力条件。石墨加热管的电阻很小、散热很快，为了达到高温，所需要的电流非常大，至少几百安培，而电压相对较低，只有几个伏特。高压条件下温度测量最常用的方法是热电偶测温，热电偶体积小、强度高、可靠性好，且容易数字化处理。热电偶由两根不同的导线构成，常用的热电偶金属材料有铁、金、钯、铬镍合金、铂铑合金、钨铼合金等，根据其型号特点用于不同的环境。

高压对顶砧的基本工作原理是在尽量小的区域内加载尽量大的压力，进而得到尽可能高的压强。金刚石是自然界中硬度最高的物质，因此，通常会采用金刚石作为高压实验的压砧。压力模块用于产生压力，常见的有杠杆式扭力螺旋结构，对高压腔进行增压。为了保证实验的安全以及压力的稳定，在两个金刚石之间会放置一块垫片，根据实验要求，垫片的软硬程度不同。垫片的中心会通过手动钻孔、电火花打孔或者激光打孔的方式构建高压腔，在高压腔中装载样品和传压介质。传压介质可以是液体或者高压气体，进而能保证在一定的压强范围内高压腔中为静水压环境。还可以根据具体的实验需求，不加载静水压，而是直接加载轴向压。水平面调节模块用于确保两个压砧的顶面相互平行。金刚石压砧所能得到的最大压强，与压砧的种类、垫片以及装置所能承受的最大压力等因素息息相关。

金刚石不仅是自然界中硬度最大的物质，它还具有良好的透光性，能满足光学观察以及各种光学仪器原位分析的需求。在一个非常宽泛的能量范围内，金刚石能与各类型的激光相互搭配，如能量 $E \leqslant 5$ eV 的红外光、可见光和近紫外光，以及能量 $E \geqslant 10$ keV 的 X 光（常用于同步加速光源）。

但是在自然界中，不同种类的金刚石却具有很大的差异。由于晶体结构中含有氮杂质，因此 I 型金刚石会呈现出非常轻微的淡黄色。 I 型金刚石可用于常规观测、X 射线衍射测量，也可用于拉曼散射测量。 II 型金刚石是一种天然的、纯度很高的类型，不会有淡黄色光泽，对红外光区域内的光吸收系数也更低，既能用于常规观测和 X 射线衍射测量，也能用于红外光谱测量和拉曼散射测量。根据内部缺陷的类型不同，还可对金刚石进一步分类： I b 型，氮原子单点取代碳原子； I aA 型，最近邻的氮原子之间成键（A 型聚集）； I aB 型，在空位缺陷附近有 4 个氮原子对称分布（A 型聚集）； II b

型,金刚石中含有硼元素,外观呈现出蓝色。不同种类的缺陷在给金刚石本身的强度造成影响的同时,还会对光学观测和光学测量带来影响。除了金刚石之外,其他超硬材料也可用于高压实验,如蓝宝石(刚玉,主成分为 Al_2O_3)、碳化硅、立方氧化锆等。相比于金刚石,其他材质制成的压砧在最大承受压力、拉曼散射信号、红外吸收信号等方面都需要进行额外测试,以确认新材料的大致极限以及是否会产生干扰信号。

蓝宝石压砧比金刚石脆弱,无法加载过大的压力,也不宜使用硬度较大的垫片,否则压砧很容易碎裂,可以使用铜或者强度较软的合金材料。人们曾对两对不同大小台面的蓝宝石压砧进行过测试。首先是两对台面直径为 300 μm 的氧化铝压砧,垫片材质为不锈钢。当中心压强达到 5~8 GPa 时,蓝宝石压砧的台面出现裂纹;当中心压强达到 10 GPa 后,压强无法进一步提升;卸载压力后发现,蓝宝石压砧的台面已完全碎裂,无法再进行实验。其次是台面直径为 200 μm 的氧化铝压砧,垫片材质为紫铜。中心压强也达到了 10 GPa,此时压砧没有出现任何问题。

相比于蓝宝石,碳化硅的硬度仅次于金刚石,其莫氏硬度为 9.25。实验测试了台面直径为 200 μm 的碳化硅压砧,垫片为不锈钢,中心压强达到 30 GPa 时,碳化硅压砧仍旧不会损坏。碳化硅的热膨胀系数很小,热导率较高。此外,碳化硅的热稳定性很高,即便在空气中,压砧也能在 1 700 ℃ 的环境中保持稳定。因此,相比于金刚石,碳化硅压砧更适合用于高温实验。碳化硅的绝缘性质较好,高压下没有磁信号,故而碳化硅压砧也可用于低温电输运实验和磁输运实验。金刚石压砧台面直径的大小选择取决于实验需求。对于常见的高压实验(中心压强不超过 100 GPa),金刚石压砧的台面直径一般不超过 300 μm。建议台面直径 750 μm 的压砧压强不超过 20 GPa;台面直径 500 μm 的压砧压强不超过 30 GPa;台面直径 300 μm 的压砧压强不超过 50 GPa。对于更高压强($>$100 GPa)甚至超高压强(200~400 GPa)的实验,金刚石压砧的设计会有进一步改进。

为了进一步提高金刚石压砧的中心压强,台面边缘一般进行倒角和圆角处理,一般使用一次倒角。倒角和圆角的处理能有效缓解台面边角处与垫片之间的应力,还能保护电输运实验中在压砧内布置的电极。这类金刚石压砧通常用于兆巴(100 GPa)量级的实验。需要指出的是,倒角和圆角边缘会在光学观测中出现散射,导致边缘模糊,这在一定程度上给调节压砧旋转中心带来一定的干扰。尽管金刚石压砧具有极高的硬度,但金刚石脆性很高,无法承受较大的振动,一旦处于高压状态,即便是出现了微小的位移,金刚石压砧都会有碎裂的可能,因此,必须保证实验过程中金刚石压砧的稳定性。此外,金刚石压砧所能承受的最大压强可以根据台面的直径进行估算。

压砧通常固定在可进行调节的底座上,底座的材料通常为硬度较大的材料。电输运实验和磁输运实验中,通常使用无磁的铍-铜材料,用固定黏胶(如绝缘黑胶)将压砧覆盖,进而固定压砧。将压砧固定在常规底座上,可不经任何调整,确保台面水平;通过 X-Y 平面调节模块调整上、下两个压砧的旋转中心。底座中心为圆形通光孔,用于观测和进行光学实验,如拉曼散射谱实验、红外吸收谱实验。在 X 光散射实验中,通光孔开口角度越大,能得到的结构信息越多。为获得更多的晶体信息,可使用带有细长条状通光孔的底座,或者使用开口更大的短型高压装置。

相比于传统型底座,伯乐型底座与金刚石底部相互嵌合,金刚石压砧使用少量黏合剂就能更加稳定地固定在底座之上。当金刚石压砧失效(高压下金刚石碎裂)时,传统型底座会承受较大伤害,金刚石碎片会嵌入底座,进而导致底座损坏。如果出现更加严重的失效事故,整个压砧都会有损毁的可能。在面对失效事故时,伯乐型的设计能有效地将因损毁而形成的冲击能量分散,进而对底座造成较小的损伤,虽然在嵌合处的损伤仍旧较大,但对于整个压砧而言,整体波及会小很多。为进一步提高中心压强,以及提高嵌合部分的摩擦系数,压砧台面周边会进行粗糙化处理,这也会形成一定程度的倒角。目前,大部分兆巴量级的实验都会使用伯乐型金刚石压砧。

多压砧装置是 20 世纪 50 年代发展起来的一种高温高压装置。多压砧装置的所有压砧具有相同的形状和几何尺寸,合在一起形成一个高压舱体。正多面体面数分布为 4、6、8、12、20,压砧的数目也可以为 4、6、8、12、20。

最简单的正四面体装置由霍尔在 1958 年设计完成,其由 4 个压砧构成,每个压砧的砧面为正三角形,4 个压砧可以无缝拼合在一起,中间形成一个正四面体状的高压墙体。使用碳化钨材料作为压砧时,其最大压力可以达到 10 GPa。将压砧的数目由 4 个提高到 6 个可以使得高压舱体的静水压特性显著得到改善。20 世纪 60 年代,国际上很多科研小组都设计和改善了正六面体装置。正六面体装置由 6 个压砧组成,每个压砧的砧面为正方形,6 个压砧分成 3 组,每组的中轴线两两正交。利用铰链式设计或者导向块设计,一个单轴的压力可以实现 6 个压砧同步运动,压缩中间的立方体传压介质产生高压。利用碳化钨材料做成压砧,六面体装置的压力可以达到 10 GPa,利用烧结金刚石做成压砧,压力更可以提高到 15～20 GPa。

1966 年,日本大阪大学的川井设计了正八面体装置。将碳化钨制作成一个球体,将其沿着 3 个通过球心、互相垂直的平面等分,再将球心附近的尖角截去,剩下的部分组成了川井装置的压砧,其压砧的砧面为等边三角形。但这种分割球体状压砧的加工非常复杂,后来川井型压砧发展成为 8 个截角立方块形成的压砧。川井型的立方块砧面为等边三角形,若等边三角形的边长表示为 TEL,常见的 TEL 有 4 mm、6 mm、12 mm 等,TEL 越小,高压舱体的体积也就越小,其能够达到的最大压力也就越大。8 个立方体面砧组成一个大的立方体块,外力通过正六面体压砧传递过去给川井装置,再由川井装置传递给样品组装部分。由于外力是通过两组压砧传递到样品的,因此这种组合设计又被称为二级增压装置。其中,正六面体压砧称为一级压砧,正八面体压砧称为二级压砧。后来,沃克等又改进了正六面体一级压砧,6 个分割圆柱所形成的一级压砧不再固定在砧座上,而是在一个圆筒形支撑钢环内单独安装和拆卸。钢环和一级压砧之间不是紧密配合的,而是具有一定的缝隙,在缝隙内填入一薄层塑料片,以减小压砧和钢环之间的摩擦力,这种装置被称为沃克 6/8 型模块。

正八面体组装的体积要比川井高压腔体的体积大。不同边长的正面板体搭配不同 TEL 的川井装置使用,常用的搭配组装有 18/11 组装、14/8 组装、10/5 组装、8/3 组装等。这里 14/8 组装中,14 指的是正八面体的边长,

8指的是川井立方块截角的边长，即TEL。压砧数目越多，静水压条件越好，但每个压砧对应的空间立体角会减小，造成大质量支撑系数的降低，压砧的极限工作压力降低。此外，压砧数目越多，各个压砧的加压移动等就越难实现。实践表明，多压砧装置中最有效的压砧数是8。沃克型装置的压砧多由碳化钨制成，其最大的压力一般可达到28 GPa，利用新型碳化钨材料，沃克型装置的最大压力可达65 GPa。如果将压砧材料换成烧结金刚石，其产生的最高压力可以超过90 GPa。但烧结金刚石容易爆炸，会导致仪器损毁。目前，避免烧结金刚石爆炸的研究也是高压设备领域的一个重要的研究方向。此外，通过在川井型装置内增加一对纳米多晶金刚石，可以使其成为三级加压的对顶压砧，所能达到的最大压力高达125 GPa，这种装置被称为6-8-2型装置，是目前多面体压砧所能达到的最大压力。

样品组装的目的在于把砧面的力传递给样品，为样品提供一个准静水压的环境，在组装中引入加热元件和测温元件还可以实现对样品的加热，从而实现样品的高温高压合成。实验上常根据不同的实验要求，设计不同的实验组装。

八面体组装常见的加热材料有石墨、铼（Re）、铌（Nb）、铬酸镧（$LaCrO_3$）等。石墨是二维层状材料，其价格低、易加工、传压性能好。但石墨在高温高压下会有石墨-金刚石相变，容易导致加热失败，这是使用石墨加热体时需要格外注意的一点。金属铼片可以把温度加热到2 500 ℃，实验时需要将铼片剪成长条，然后绕成一个圆筒，并且首尾两端要有部分重叠。但铼片高压下会形变，在褶皱处电阻增加，从而形成一个热点，形成局部极高温度，导致铼片融化。此外，铼片比较硬，会导致压力的损耗、容易切断热电偶等问题。$LaCrO_3$具有钙钛矿的结构，其在室温时电阻率约为石墨的1 000倍，当温度升到1 000 ℃时，其电阻率迅速下降到石墨的100倍，当温度继续上升时，其电阻率变化不大。实际使用$LaCrO_3$热体时，需要在$LaCrO_3$外面套一圈石墨发热体。在低温阶段，$LaCrO_3$电阻很大，加热效率低，此时主要通过石墨加热，当温度高于1 000 ℃时，石墨可能会变成金刚石，导致发热效率下降,此时 $LaCrO_3$ 成为主要发热体。$LaCrO_3$ 在高温高压下的加热性能要好于石墨跟金属铼片,但 $LaCrO_3$ 目前的加工工艺还不是很成熟。

八面体组装的热电偶常采用 C 型规格,由于其中有熔点很高的钨,常规方法焊接比较困难,因此常采用四孔刚玉管勾接的方式。八面体组装的样品舱跟活塞-圆筒组装的样品舱设计要求类似,要具有较好的化学稳定性,使得样品不与其反应,还应该具有良好的传压性和传热性。一般的无机化学反应使用六角氮化硼就行,有特殊气体氛围要求的实验需要根据实验要求选用不同的金属样品舱。例如,对于氧逸度要求较高的常选用金样品舱,对于氢气密封性要求较高的常选用 316L 不锈钢作为样品舱。在石墨加热炉里从下往上依次放入氧化锆圆柱、氧化镁圆柱、样品舱及样品、开孔氧化镁圆柱、制作好的热电偶,热电偶与样品舱中间常放入一刚玉薄片。然后整体再放入正八面体氧化镁组装中,使用高温陶瓷水泥固定好热电偶,放入烘箱中烘烤。为了能密闭一个正八面体的空间结构,叶蜡石被加工成长、短两种规格。实验时要选取 4 个立方体块,按照三短、两短一长、两长一短、三长的规格黏好叶蜡石块。再让有叶蜡石的立方块相对排布,没叶蜡石的立方块填在剩余位置。然后放入这 4 个立方块形成的中间空间中,再按照相同的方法组装好剩下的 4 个立方块。

在加压时,一级压砧和二级压砧会发生相对滑动,相应的摩擦力很大,会影响压力,也会损害压砧。实验时,常将聚四氟乙烯塑料面板黏在川井装置外,这能有效地降低摩擦力,使得传压介质内的静水压条件得到改善。川井装置内有两个正八面体块会跟样品的上、下两个面接触,标记好这两个正八面体块,将其外包裹的聚四氟乙烯面板剪个小孔,穿入导电铜片,使导电铜片跟这两个立方体块接触,让加热电路能够畅通,同时将热电偶从两块聚四氟乙烯面板之间的缝隙中引出。支撑圆环的底部先放入 3 个一级压砧,将制作好的川井装置放置在这 3 个一级压砧上,让热电偶延长线沿着一级压砧的缝隙排布好,与两个热电偶相连接。之后将剩余的 3 个一级压砧放上,盖好密封环顶盖。

八面体装置的加压时间一般比较久,常以 10 h 为一个单位,即在 10 h

内缓慢增加到预定压力,反应完成后,再用 10 h 完成卸压。由于沃克装置属于二级加压装置,其样品组装内的压力不能简单地由 F/S 得到。常用的解决方法是使用定标物质在常温下的相变压力来定标。具体来说,将一些压力定标物质放入高压腔体,在确定外加荷载的作用下,定标物质的某些物理量发生变化。对这些点的压力与载荷关系进行拟合,就可以得到高压装置的压力-荷载定标曲线。由于大腔体压机一般都是由油压驱动的,相应的荷载也常用油压来表示。许多固体在常温下都会发生压力相变,这些相变点就是压力定标点。通过测量相变前后的体积、电阻的突变,来求出应用的荷载与内部压力之间的关系。用于定标的物质,应该容易获得且测压可重复性好。在相变点其热力学量或者物理性质变化应大且迅速,相变压力应受温度影响小,在高压一侧和低压一侧逼近相变压力点处得到的结果应该接近,差别很小。

垫片能为高压实验提供封闭的静水压环境。垫片的材料比金刚石柔软,在高压实验中会像"液体"一样包裹在压砧顶面,对金刚石压砧形成一定的保护。常见的垫片材料为不锈钢合金,超高压实验中常用弹性模量较大的金属作为垫片;低硬度压砧可用铜以及合金等较软的材料;电输运性质测量实验中,为保证电极的有效性,通常会再使用与黏胶混合的立方氮化硼(c-BN)粉末,在高压腔周围构建绝缘层。根据实验的目标压强,首先将垫片预压到一定厚度,形成一个预压孔,再在预压孔的中心钻孔,孔径大小和目标压强有关,常见的钻孔手段有手动钻孔、电火花打孔以及激光钻孔。

当垫片受到金刚石压砧挤压时,垫片会发生不可逆形变并向外延展。延展力大小与金属和压砧之间的摩擦力有关,向外延展的力受到金属的剪切强度限制。剪切力能保证垫片在压砧之间不出现滑动,而是向两侧延展,并最终形成稳定的挤压面。从台面边缘到台中心,梯度与剪切强度成正比,而与厚度成反比。经过预压且具有较大的台面直径/厚度比(预压处厚度越薄)的垫片,能承受更大的压力。

2.3　材料的高压合成及表征

　　自 20 世纪 50 年代人造金刚石问世以来,高压技术在材料合成中一直发挥着重要的作用。随着常压新材料的日渐枯竭以及高压合成技术的不断发展,越来越多的亚稳相新材料通过高压的手段被合成出来。压力作为重要的物理参量和独特的技术手段,在材料合成中发挥着巨大的作用。

　　高压可以有效缩短晶体中的原子间距,增加反应物的接触面积,提升原子或离子的接触概率,提高反应的效率。高压还可以压缩材料中的键长,减小容忍因子和晶格适配度,使得一些在常压下不能合成的亚稳相在高压下被合成出来并在压力释放后稳定存在,如人造金刚石以及多种钙钛矿类结构材料。此外,许多双钙钛矿材料、铁电金属以及很多钙钛矿材料的高对称性相,都只有在高温高压的条件下才能合成。高压可以提供常压下所无法提供的高氧压环境,对新型材料的探索、合成及稳定元素特殊价态发挥着非常重要的作用。

　　1991 年,无限层铜氧化物超导体在高压下被合成。之后,高温高压的条件被应用于一大批新的铜氧化物高温超导体的合成和研究中。高压环境提供的高氧压条件有利于过量氧进入电荷库层,对于稳定其晶体结构十分重要。此外,高压材料的分解温度和熔点都会大幅度提高,如 NaCl 在 3.7 GPa 压力下熔点会提高到超过 1 600 ℃,这给很多分解温度大于合成温度的材料提供了合成的可能。

　　压力对 T_c 的调控也是它另一个重要的作用,铜基超导体的最高 T_c 便是 Hg 系超导材料在高压下取得的。另外,压力还可以诱导超导转变的出现,如 FeSe 单晶在高压下出现了第二个超导相,在 FeSe 单晶高压研究中建立的相图澄清了铁基中高温超导与电子向列序以及反铁磁序的竞争关系,对理解其超导机理提供了依据。而其他 3d 过渡金属超导材料如 Cr 基(CrAs)和 Mn 基(MnP)超导体,最先都是在高压下实现的,都是通过压力将反铁磁长程序抑制到量子临界点从而实现超导的。

富氢化合物的超导研究中，超高压手段更发挥着无可替代的作用，如 H_3S、LaH_x 等都只能在超高压下实现超导。理论预言的室温超导体金属氢，只有在 $400\sim500$ GPa 甚至更高的超高压下才有可能实现。高压技术对超导研究的重要作用可见一斑。

压力可以使材料中原子间距缩小、相邻原子轨道重叠程度提高，从而形成新的晶体和电子结构，而且压力对材料的调控可以是连续的，并且不产生任何的无序和杂质，这使得压力在调控材料的结构和物性方面拥有独特的优势。压力还可以有效地调控材料的自旋和轨道自由度，改变其状态和取向，从而形成新的物质状态。如 $SrCoO_3$ 在压力下晶体结构保持稳定，但在高压下出现了两次相变，分别对应于自旋取向的变化以及自旋态的转变；多铁材料 $BiCoO_3$ 中，高压下 Co^{3+} 将由高自旋态转变为低自旋态。

常用的材料高压合成方法包括固相反应法、电弧熔炼法、化学气相输运法。

通过加热固相颗粒化合物使其直接反应，生成新的化合物的过程就是固相反应。固相反应是在界面上进行的反应，其反应速率正比于单位体积物质的表面积，也就是比表面积。比表面积越大，反应的界面就越大，因此，颗粒尺寸越小，反应界面面积越大，而当颗粒尺寸减小到纳米尺度时，扩散的距离也变得极小，导致纳米效应发挥作用，这使得反应速率加快，反应动力学因素可以大大改善。在固相反应之前，充分研磨反应物，使得固体颗粒分散并混合均匀，对于固相反应合成是至关重要的。固相反应中，新相的形成会降低反应的界面面积，这可以通过重复加热、多次粉碎研磨等方法来使得反应进行得更充分。

固相反应是在材料合成中使用最广泛也是最简单高效的方法。固相反应通常是指有固态物质参与的反应，生成物中通常有固态产物。固相烧结一般是在低于反应物熔点的温度下进行的，反应首先在界面发生，之后逐渐深入至周围物质内部，直至反应完全。固相反应工艺简单，但由于样品结合松散，产物的均匀性不能保证。因此，采用固相烧结方法合成样品时，为了得到更加均匀的样品,往往多次烧结,在烧结中间重新研磨。烧结时,先将粉末原料混合研磨均匀,根据需要在空气、氧气以及真空等环境中合适温度下烧结,得到需要的样品。形核是新相生成要经历的第一个环节,其通常发生在反应相的接触面上。形核一般受到两个因素的影响:① 按照热力学的原理,形核只能发生在自由能下降的化学反应中;② 反应满足热力学原理后,形核还受到生成物和反应物之间晶体取向的影响,当其存在这种取向关系、形成共格界面的时候,形核过程比较容易,形核速率也会增加。

在固相反应中,新相的形核往往会导致两个相之间形成隔离层。组分 A 与组分 B 反应生成组分 C。在 A、C 界面处,组分 A 与通过 C 扩散过来的 B 反应,形成富 A 的化合物 C。由于此处 A 含量较高,其可以通过 C 向 C、B 边界扩散,从而与 B 反应。在这个过程中,每个组分扩散的速率正比于其浓度,且是一个非稳态的扩散过程。固相反应合成过程通常是在高温下进行的,反应物和产物均会挥发。由于固相颗粒之间的接触界面是非常有限的,反应物的挥发会起到传输作用,促进反应的进行。当反应温度较高时,反应物发生熔化。液相的流动有利于反应物的充分接触,改善反应条件。除了这些因素以外,固相反应过程中常常还会形成亚稳定相,反应很难进行得非常完全,扩散不充分而导致掺杂元素分布不均匀,某些组元在高温下会发生大量挥发,很难加热到最佳的反应温度等。这些都是设计实验的时候需要充分考虑的问题。

电弧熔炼法是利用电极的尖端放电产生电弧,用电弧的高温来熔炼反应物的电热冶金方法。电弧熔炼法中的电弧是气体的一种弧光放电现象。在气体弧光放电过程中,其电极间电压较低,往往在几个伏特到几十个伏特之间,但气体通过的电流却很大,常常有几十个到上百个安培。弧光放电的过程中有耀眼的白光,弧区的温度很高,大约有 5 000 K。巨大的电流密度来自阴极的热电子发射和电子的自发射。大量的电子在电极间碰撞气态分子使之电离,产生大量的正离子和二次电子,在电场作用下分别撞击阴极和阳极来获得高温。这种方法能够达到极高的温度,非常适合高熔点原料或前驱物的反应,且反应时间短,一般几分钟就可以反应完全。但缺点是反应物中不能有低沸点和易挥发的物质,而且操作时需要特别注意安全。电弧炉工作中,特别当熔炼钛、锆等活泼金属时,如果冷却水进入坩埚,会引起仪器的爆炸。

化学气相输运法主要用于反应物中有低溶解度、高熔点、易升华组分的一类反应。气相生长过程主要有气源的形成、气相输运、晶体生长、尾气处理或再利用这四个步骤。气源的形成是实现晶体生长的第一步,其可以通过加热升华固态物质或加热蒸发液态物质来获得,也可以直接将气态物质加入反应系统。通过气体的扩散或者外来气体的对流,将气相的生长元素输运到晶体生长表面,这就是气相的输运。

通过对气体的冷凝等手段,气体在固体的表面发生化学反应,气相中的分子或原子在固体表面上沉积生长,这就是气相的生长。除了生长初期的形核过程以外,气相生长过程中所依附的固体就是所要生长的晶体。固体表面附近气相的温度、压力、成分是决定晶体生长能否实现、晶体生长速率、晶体成分和结晶质量的主要控制因素。在晶体的生长过程中,晶体生长表面可能会排出气体。这些气体在晶体的生长表面富集,会制约后续的晶体生长。常采用扩散和气体的强制对流使得这类气体从生长表面溢出。在某些反应中,这类气体也可以通过气体循环再次应用于气相生长的输运。在无法利用时需要将这些气体从生长系统排出。气相输运法设备简单、安全可控、合成的产物纯度高,但是其生长周期一般都较长,产量较低。

常用的高压合成材料的表征手段包括 X 射线衍射、扫描电子显微镜、透射电子显微镜。

X 射线是指原子芯电子在高能粒子的轰击下跃迁产生的光辐射,一般可以分为连续 X 射线和特征 X 射线,其波长范围在 $0.01 \sim 10$ nm 之间。而一般晶体中原子间距量级也是纳米级,因此,劳埃等就提出了设想:三维周期性排列的晶体是一个理想的立体光栅,可用于 X 射线的衍射。当一束 X 射线照射到晶体时,晶体原子周围的电子受到 X 射线周期性变化的电场作用而周期性振动,从而成为波源,发射与入射 X 射线频率一致的球面波。这些球面波在空间上会发生干涉作用,使得空间某些方向的波始终叠加,而在另一方向上的波始终抵消,这样就可以观察到具有空间分布的衍射图谱。

多晶样品中由于其中小晶粒的随机取向,当某个晶面满足布拉格方程时,各个小晶体的衍射斑点会连续化形成一个圆锥,而不是像单晶衍射中形成分立的劳埃斑点。其中,入射光线和圆锥之间的夹角被称为散射角,常用 2θ 表示。

多晶 X 衍射最广泛的用途就是物相鉴定和分析。不同物相的衍射峰位置和强度各不相同,这构成了物相的"指纹"。对于混合相的样品,其 XRD 衍射图谱由多种衍射模式叠加而成。根据这些"指纹"可以分析出样品由哪些相构成,以及不同物相的相对含量。目前科学家们已将 871 000 多种物相的 XRD 图谱建立了 PDF 卡片存在数据库中,常用的数据库有无机晶体结构数据库(ICSD)、国际衍射数据中心(ICDD)、剑桥晶体数据中心(CCDC)等。

多晶 X 衍射还可以用于确定样品的结晶度。无定型样品的 XRD 图谱没有精细的谱峰结构,晶体则有丰富的谱线特征。把样品中最强峰的强度和标准物质的最强峰强度进行对比,可以定性获得样品的结晶度。根据布拉格方程,通过实测样品和标准谱图上 2θ 值的差别,可以定性分析晶胞是否膨胀或者收缩。此外,XRD 还可以用于点阵常数的计算、残余应力估计等。

扫描电子显微镜主要是利用二次电子信号成像来观察样品表面形态的一种工具。由于外层价电子和原子核间的结合能很小,非常容易受到外界高能入射电子的激发,脱离原子成为自由电子。如果这种散射过程发生在接近样品表层处,那些能量大于材料逸出功的自由电子可从样品表面逸出,变成真空中的自由电子,这就是二次电子。二次电子一般来自表面 5~10 nm 的区域,能量为 0~50 eV,对试样表面状态非常敏感,能有效地显示试样表面的微观形貌。扫描电子显微镜因此也具有较高的分辨率,相比于光学显微镜,扫描电子显微镜具有较大的放大倍数,其范围在 20 倍至 20 万倍之间,且连续可调。

扫描电子显微镜的景深大,成像也有立体感,可直接用于观察样品表面的细微结构。由于各种元素具有不同的能带结构,因此也具有不同的 X 射线特征波长,电子在能级跃迁过程中释放出的特征能量决定了特征 X 射线的波长。因此,一个很自然的思路是利用不同元素 X 射线的特征能量不同来进行成分分析,这就是目前在扫描电子显微镜中广泛配有 X 射线能谱仪装置的原因。其利用高能电子束轰击样品获得样品的能谱信息,使得在不同波长的位置出现特征峰,峰的高低代表元素的相对含量,这样可以同时进行显微组织的形貌观察和微区的成分分析。

第 3 章　高压电磁学概述

3.1　高压原位电阻测量

压力可以通过调控原子之间的间距来改变体系的能带结构进而影响其物理性质,所以压力同磁场、掺杂一样,都是实现对体系物性调控的重要手段。目前发展起来的静高压物性测量实验装置包括气体/液体压腔和金刚石对顶砧。不同的加压手段对应着不同的压力和样品体积范围。气体/液体压腔可达到的压力一般小于 3 GPa,一般样品尺寸介于 2～6 mm 之间;而金刚石对顶砧型的压力腔可达到的最高压力近 500 GPa,一般样品尺寸介于 20～100 μm 之间。实验中采用最多的是金刚石对顶压砧(DAC),其相对于其他压力腔而言最明显的优势在于其可以达到更高的压力。在金刚石对顶砧的发展过程中,金属封垫技术、压力标定技术以及传压介质的选择都在不断进步,并且与低温、磁场、同步辐射 X 射线衍射和吸收、拉曼光谱以及核磁共振等实验技术相结合,成为研究强关联体系极端条件下物理性质的重要手段。

压力作为与温度同等地位的决定物质状态的热力学参量,其可以独立地改变凝聚态物质在常压下稳定存在的形式,并诱导其电子结构或者晶体结构的改变,而且在很多情况下它们是相互关联的。

不同的实验要求选用不同的金刚石对顶压砧,高压原位电阻测量中常用的金刚石对顶压砧的主体材料是无磁性的 Be-Cu 合金,它具有很好的导热性,有助于进行极低温下的物性测量,通常用来进行电阻、磁阻以及吸收谱的测量,采用齿轮减速加压装置实现精确平稳的加压。金刚石对顶压砧主体采用不锈钢材料,金刚石的透光性质又非常好,通常与同步辐射相结合用来进行 X 射线衍射实验,同时为了测到更高角度的衍射,装置两端的开口都比较大,使用六角扳手对 4 个对称螺丝驱动加压,在具体的操作中都需要先完成两粒金刚石的对准和调平。

首先,需要根据不同的实验要求选择不同的垫片,如电阻测量中通常采用金属铼垫片,交流磁化率测量中通常采用无磁性的 Be-Cu 合金垫片,吸收谱测量中通常采用原子序数小的金属铍垫片,而 X 射线衍射测量中通常采用 T-301 垫片。根据实验所希望达到的最高压力需求,利用调平的金刚石对顶砧对垫片预压到一定厚度,再采用电火花打孔机或者激光打孔机打出需要的不同尺寸的样品孔。为了满足不同实验要求的压力环境选择不同的传压介质放入样品孔中,压力环境主要包括轴压、静水压和准静水压三种。实现静水压的压力环境需要加入液态或者气态的传压介质,液态的传压介质通常包括甘油、硅油、甲醇与乙醇的混合液等,气态的传压介质主要是惰性气体(如氦气、氩气和氖气等)。处于静水压环境中的样品所受到的压力是最理想的压力环境,但是液态或者气态的传压介质会极大地增加电学测量中准备样品的难度。施加轴压意味着样品只受到来自金刚石对顶砧两个方向的压力,此时可以选择不加传压介质或者采用固态的传压介质。而准静水压的压力环境介于静水压和轴压之间,此时可以使用 NaCl 粉末作为压力传递介质。NaCl 粉末是最软的固体材料之一,有利于进行用于高压电阻等输运样品的准备,同时它又具有很好的流变性,使得压力环境要优于轴压环境。目前,利用 NaCl 粉末实现准静水压的环境已被广泛用于高压输运测量。在所有的高压实验中,压力标定是非常重要的一步。目前使用最广泛的是采用红宝石荧光方法来确定样品的压力。

高压原位电阻测量除了上述提到的样品的共同特征之外,在所有的电学性质测量中,还需要将金属铼垫片与样品之间绝缘,为了达到这个目的,通常选用立方氮化硼(c-BN)作为绝缘层。最重要的电极是用超薄的导电性和延展性都非常好的金属铂片制成的,将铂电极摆放在具有绝缘层的样品孔中,四电极的位置同常压电阻测量中的电极位置相同,都是标准四电极形式,再放入样品,通过压力来实现电极与样品之间的接触。同时,该实验装置还可以用来进行高压磁阻的测量。

高压比热测量时采用的是圆环型的压力腔,将样品和对压力敏感的金属铅放入小的聚四氟乙烯胶囊中,充满甘油和水的混合液体,以确保静水压的压力环境,这种混合液体在室温下接近 5.3 GPa 时固化,常压下在 180 K 附近固化。压力由金属铅的超导转变温度与压力之间的依赖关系决定。由恒定电阻的 Cu-Ni 合金制成加热器,将它固定在晶体的一个平面上。通过加热器的电阻和通过样品的电流可以得到加热器对样品的加热功率。将铬镍合金制作成热电偶,用于测量由于加热器对样品的加热效应所引起的样品温度振荡幅度,温度振荡幅度与样品的比热成反比。在测量的过程中需要不断地改变交流频率以保证准绝热条件,从而确保比热测量的准确性。

3.2 磁场的产生及测量

磁性是物质的一种普遍且重要的属性。从微观粒子到宏观物体,甚至大到宇宙天体,无一例外都具有不同程度的磁性。磁性材料是生产、科研、国防建设中各种设备、装置、仪器的重要组成材料,磁性材料也遍布日常生活的各个方面。因此,研究和了解物质的磁性,对物质的磁性进行测量显得极为重要。

当在磁性体外施加一个外磁场的时候,磁性体就被磁化了,其磁化强度和外磁场的比值称为磁化率,通常用 χ 表示,$\chi = M/H$。从实用性角度考虑,按照磁性体磁化率的大小和方向将磁性体分为抗磁性、顺磁性、反铁磁性、铁磁性和亚铁磁性五类,如图 3-1 所示。

(1)抗磁性

抗磁性物质在磁场中被磁化的时候会产生一个与磁场方向相反的磁化

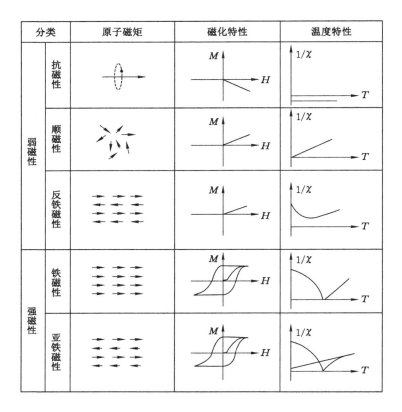

分类		原子磁矩	磁化特性	温度特性
弱磁性	抗磁性		M / H	$1/\chi$ / T
	顺磁性		M / H	$1/\chi$ / T
	反铁磁性		M / H	$1/\chi$ / T
强磁性	铁磁性		M / H	$1/\chi$ / T
	亚铁磁性		M / H	$1/\chi$ / T

图 3-1　五种磁性物质的基本磁结构、磁化特性和温度特性曲线

强度,此时的磁化率是小于零的。另外,抗磁性物质的磁化率的数值也很小,通常为 10^{-5} 数量级。抗磁性物质的磁化率与外磁场、温度均没有关系,因此,抗磁性物质的磁化曲线是一条与磁场平行的直线。典型的抗磁性物质有惰性气体,许多有机化合物,Bi、Zn、Ag、Mg 等金属,Si、P、S 等非金属。

(2) 顺磁性

顺磁性物质本身具有固有的原子磁矩,在无外加磁场的时候,各磁矩排列混乱,磁矩相互抵消,对外不显示宏观磁性。但是当在顺磁性物质外施加一个外加磁化磁场的时候,原来无序的磁矩有序排列,感应出一个与磁化磁场方向相同的磁化强度。多数的顺磁性物质磁化率与温度有关系,服从居里定律。过渡元素、稀土元素、钢系元素及铝和铂等金属都属于顺磁性物质。

（3）反铁磁性

反铁磁性的磁化率与温度有很大的关系，当温度高于某一临界温度的时候，反铁磁性的磁化率与温度的关系与顺磁性极为相似，而当小于临界温度的时候，磁化率降低并逐渐趋于定值，这个临界温度称为奈耳温度。反铁磁物质的温度低于奈耳温度的时候，其内部磁结构按照次晶格自旋呈反平行排列，每一个次晶格的磁矩大小相等、方向相反，对外不显示宏观磁性，只有在很强的外磁场作用下才能显示出微弱的磁性。过渡族元素的盐类及化合物属于反铁磁性物质。

（4）铁磁性

铁磁性物质具有较高的磁化率。铁磁性物质在很小的磁场作用下就能被磁化到饱和状态，当外磁场消失时，磁矩仍然具有一定的有序性，宏观表现为剩磁。它的磁化率与外磁场有关，导致其磁化强度和外磁场之间存在一个复杂的函数关系，而且在反复磁化的时候会出现磁滞现象。此外，当铁磁性物质的温度高于居里温度的时候，铁磁性转化为顺磁性，并服从居里-外斯定律。截至目前，科学家发现 9 个纯元素晶体具有铁磁性，分别是铁、钴、镍、钆、铽、镝、钬、铒、铥。其中，后五种元素在极低的低温下才存在铁磁性。

（5）亚铁磁性

亚铁磁性的宏观磁性与铁磁性相同，但是磁化率的数量级稍低，一般为 $10^0 \sim 10^3$。它们的内部结构与反铁磁性相同，但是相反排列的磁矩不等量，对外显示磁性。可以说，亚铁磁性是未抵消的反铁磁性的铁磁性。铁氧体是典型的亚铁磁性材料。

通常根据磁化率的大小，又将抗磁性、顺磁性、反铁磁性称为弱磁性，而将铁磁性和亚铁磁性称为强磁性。

磁场的产生也是需要一定条件的，具备一个符合要求的磁场是磁测量的必要条件，磁场使待测样品磁化，进而才能表现出它的宏观磁性和各种磁现象。能够产生磁场的装置有很多,比较常见的有永久磁体、载流线圈、电磁铁、超导磁场等几种。人们在进行基于金刚石对顶砧的磁性测量时常常使用螺线管线圈磁场和电磁铁。

一般情况下,为了提高螺线管线圈的磁场,采用多层绕制的方法。在粗略计算中只需要用层数乘以每一层的中心磁感应强度即可。另一个提高螺线管线圈磁场的方法是在线圈中通入大电流,有的时候电流能够达到每平方毫米几百安,如此大的电流显然无法再用导线进行传导,一般用特制的铜板代替导线,然后用高压的去离子水冷却。但是,这种方法所消耗的功率是极大的。

有了磁场产生装置之后,对其产生的磁场利用公式进行估算误差很大,因此对磁场进行测量是十分必要的。由于不同磁场产生装置所产生的磁场的强度和性质有很大的差异,因此磁场测量的方法有很多,特别是近几十年,物理学中的一些新效应和新现象的发现,更是极大地推动了磁场测量的发展。另外,电子技术的发展也为磁场测量的数字化和自动化提供了良好的基础。

人们常用的测量磁场的方法有:

(1)电磁感应法

电磁感应法的基本原理基于法拉第电磁感应定律,在待测磁场中放入一组匝数为 N、截面积为 S 的探测线圈,在这里假设线圈轴线方向与磁场方向平行。那么当待测磁场相对于探测线圈发生变化时,会在探测线圈的两端产生一个感应电动势。当磁场 H 相对于 S 发生变化,即磁场方向与探测线圈平面的夹角发生改变、磁场与探测线圈的相对位置发生改变甚至探测线圈的面积发生变化时,都会导致探测线圈中的磁通量发生变化,所以电磁感应法给人们提供了多种测量方法的选择,只要在测量装置中使磁通量发生改变,原理上都可以通过计算得出感应电动势对时间的积分,从而得到磁通量的改变量,如果知道导致磁通量改变的原因并精确测量,就可以得到待测磁场。电磁感应法测量的应用十分广泛,也发展出了多种基于磁通量测量法的磁场测量方法,常用的有冲击法、磁通计法、电子积分器法、转动线圈法和振动线圈法等。

（2）磁通门法

磁通门磁强计是一种弱磁场检测装置，它具有灵敏度高、体积小、性能可靠、功耗低等特点，最高灵敏度可以达到 10^{-7} Oe。磁通门磁强计普遍应用于地磁场测量、环境磁场测量、监控空运包裹、校准亥姆霍兹线圈和螺线管线圈磁场、检测岩石中的弱磁场、评估磁屏蔽室效果等方面。磁通门磁强计是基于铁磁性材料在交变磁场和恒定磁场共同作用下所具有的非线性性质而工作的。当将一个磁导率较高的软磁材料作为铁芯，在其上缠绕一组激励线圈并在激励线圈中通入交变电流时，激励线圈会产生一个交变的激励磁场，该磁场使得铁芯往复磁化，此时，感应线圈上会产生一个感应电动势。只在激励磁场作用下所得到的磁化曲线才是关于磁感应强度 B 对称的。当存在一个待测的外磁场时，此时的往复磁化的磁化曲线将会产生一个偏移，不再关于磁感应强度 B 对称。对无外部恒定磁场时，将感应电动势进行傅里叶级数展开，展开式只包含与激励磁场有关的奇次谐波项；当存在外部恒定磁场时，对感应电动势信号进行傅里叶级数展开，可以发现此时存在因外部恒定磁场作用而出现的偶次谐波项，而偶次谐波的主要部分二次谐波的振幅与外部恒定磁场（即待测磁场）成正比，因此可通过二次谐波的电动势来测量待测磁场。

（3）霍尔效应法

霍尔效应是霍尔于 1879 年在他的导师罗兰的指导下发现的，这一效应在科学实验和工程技术中得到了广泛应用。由于霍尔元件的面积可以做得很小，所以可以用它测量某点的磁场和缝隙中的磁场，还可以利用这一效应测量半导体中的载流子浓度、载流子迁移率及确定半导体导电类型（N 型或 P 型）等几个重要的基本参数。随着半导体工艺的飞速发展，多种具有明显霍尔效应的材料先后被发现，霍尔效应的应用也随之发展起来。现在霍尔效应已经在测量技术、自动化技术、计算机和信息处理领域得到了广泛应用。

霍尔元件是一块矩形半导体薄片。如果在半导体薄片上沿垂直于磁场

B 的方向通以恒定电流 I_s,这时磁场对半导体薄片中定向迁移的载流子(电子或空穴)就产生了洛伦兹力 f_B 的作用。设载流子的电荷为 e,漂移的速度为 v,则洛伦兹力的大小及方向可由 $f_B = evB$ 确定。在洛伦兹力的作用下,载流子的运动方向发生偏转,使电荷在半导体片的相对两侧上聚集,如图 3-2 所示,两侧面之间将出现电势差 U_H,这种现象称为霍尔效应,U_H 称为霍尔电压。在霍尔效应中,载流子在薄片侧面的聚集不会无限地进行下去,侧面聚集的电荷在薄片中形成横向电场。设电场强度为 E_H,方向由正指向负,此电场对载流子的作用力大小为 $f_E = eE_H$,从图 3-2 中可以看出,电场力的方向与洛伦兹力的方向相反。

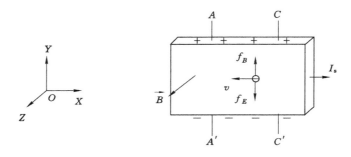

图 3-2　霍尔效应原理示意图

显然,该电场阻止载流子向侧面偏转。当载流子所受的横向电场力与洛伦兹力相等时,样品两侧电荷的积累就达到平衡,则有:

$$eE_H = evB \tag{3-1}$$

式中,E_H 为附加电场;v 是载流子在电流方向上的平均漂移速度。

设试样的宽度为 b,厚度为 d,载流子浓度为 n,则有:

$$I_s = nevbd \tag{3-2}$$

由式(3-1)和式(3-2)可得:

$$U_H = E_H b = \frac{1}{ne}\frac{I_s B}{d} = R_H \frac{I_s B}{d} \tag{3-3}$$

式中,U_H 称为霍尔电压(A、A' 电极之间的电压),它与 $I_s B$ 成正比,与试样

厚度 d 成反比；比例系数 $R_H = \dfrac{1}{ne}$，称为霍尔系数，它是反映霍尔效应强弱的重要参数。只要测出 U_H 以及知道 I_s、B 和 d，就可按式(3-3)求出 R_H。

根据 R_H 可进一步确定以下参数：

① 由 R_H 的正负(或 U_H 的正负)判断样品的导电类型(N 型或 P 型)。判别的方法是按图 3-2 所示的 I_s 和 B 的方向进行判断：若测得 $U_H < 0$(即 A 的电位高于 A' 的电位)，即 R_H 为负，样品属 N 型；反之，则为 P 型。

② 由 R_H 求载流子浓度 n：

$$n = \frac{1}{\mid R_H \mid e} \tag{3-4}$$

应该指出，这个关系式是假定所有的载流子都具有相同的漂移速度而得到的。严格来说，若考虑载流子速度的统计分布，需引入 $3\pi/8$ 的修正因子。

③ 结合电导率的测量，可求出载流子的迁移率 μ。电导率 σ 可以通过电极 A、C 或(A'、C')进行测量，设 A、C 间的距离为 L，样品的横截面积为 $S(S = bd)$，流经样品的电流为 I_s，在零磁场下，若测得 A、C 间的电位差为 U_σ，则可由下式求得电导率 σ(或电阻率 ρ)：

$$\sigma = \frac{1}{\rho} = \frac{I_s}{U_\sigma} \frac{L}{S} \tag{3-5}$$

电导率 σ 与载流子浓度 n 及迁移率 μ 之间的关系为：

$$\sigma = ne\mu$$

由式(3-4)有：

$$\mu = \mid R_H \mid \sigma \tag{3-6}$$

测出 σ 值即可求出 μ。

由上述可知，要得到大的霍尔电压，关键要选择 R_H 大(即迁移率高、电阻率也高)的材料。就金属导体而言，μ 和 ρ 均很低，而不良导体 ρ 虽高但 μ 极小，因而上述两种材料的霍尔系数都很小，不能用来制造霍尔元件。半导体 μ 高、ρ 适中，是制造霍尔元件较理想的材料。由于电子的迁移率比空穴迁移率大，所以霍尔元件常采用 N 型材料。其次，霍尔电压的大小与材料的厚度成反比,因此,薄模型霍尔元件的输出电压较片状的要高得多。就霍尔元件而言,其厚度是一定的,所以实际上采用 $K_H = \dfrac{R_H}{d} = \dfrac{1}{ned}$ 来表示元件的灵敏度, K_H 称为霍尔灵敏度,单位为毫伏/(毫安·千高斯)[mV/(mA·kGS)]。

（4）磁阻效应法

1883 年,美国科学家开尔文首先发现了导体在磁场中其阻值会发生变化。随后,人们又发现在某些金属和半导体中,电阻率会随着磁场的增大而增大,并将这一现象称为磁阻效应。

应用磁阻效应法测量磁场具有设备简单、检测便捷的优点,但是由于磁阻效应本身的表征量电阻对温度有很强的依赖性,因此温度对磁阻效应有很大的影响。另外,磁阻效应的电阻改变量与磁场的关系并非是线性的,也造成了磁阻效应的应用范围受到了极大的限制。实验表明,在强磁场下（ $10^3 \sim 10^5$ Oe）引入温度补偿的方法,磁阻效应的测量精度可以满足要求,但是在小磁场下由于电阻改变量-磁场曲线的线性度较差,因此直接用磁阻效应进行磁场测量的精度不高。

（5）磁共振法

原子、质子、电子等很多微观粒子都具有磁矩,这些微观粒子在磁场中时会选择性地辐射或者吸收一定频率的电磁波,进而引起它们之间的能量交换,这一现象称为磁共振。根据引起共振微观粒子的不同,磁共振分为核磁共振、电子顺磁共振、光泵共振等各种方法,但以核磁共振应用最为广泛。

（6）超导量子干涉法

超导量子干涉法是基于弱连接的磁场测量方法,是目前世界上最灵敏的磁场测量装置,分辨率可以达到 10^{-19} Wb,可以测量到 10^{-19} Oe 的微弱磁场,而且能够响应高达几兆赫兹快速变化的磁场。利用超导量子干涉效应制作的器件除了能测量极微弱的磁矩和磁场外,还可以测量微弱的电流和电压。此外,超导量子干涉器件还能够测量宽频带范围的电磁辐射,测量灵敏度可以达到 10^{-12} W。正因为如此出色的灵敏度和测量范围,超导量子干涉器件被广泛地应用在天体物理、固体物理、电子学、生物学、医学等各个领域。

1962 年,英国物理学家约瑟夫森在计算超导结的隧道效应时预言,当两块超导体中间的绝缘体足够薄时,电子能够通过这层足够薄的绝缘体进而形成超导电流,这种现象被称为约瑟夫森效应。约瑟夫森本人也因为预言超导结的隧道超导电流而获得 1973 年的诺贝尔物理学奖。

一般情况下,两块超导体之间的绝缘层在 1～3 nm 时,会发生约瑟夫森效应。约瑟夫森效应是超导体所特有的物理现象,发生在两个超导体的弱连接处,这种弱连接称作约瑟夫森结或超导结。当流过超导结的电流小于某一临界电流时,在超导结两端并不会产生电压降,这与超导体是极为相似的,这种现象称为直流约瑟夫森效应。流过超导结的约瑟夫森电流是由两块超导体之间的电子对交换形成的,它的值由临界电流和两块超导体中的波函数相位差所决定。直流约瑟夫森效应表达的是超导电流小于临界电流的情况下,超导结具有超导体的一些超导特性,但是当流过超导结的电流大于临界电流时,超导结还具有一般超导体所没有的特性。当超导结中的约瑟夫森电流超过临界值时,在超导结两端会产生一个电压降,在这个电压降的作用下,超导结中会引起高频的交变电流,并向外辐射高频的电磁波。利用超导量子干涉现象制作的磁场测量装置就叫作超导量子磁强计。

按照超导结连接方式的不同可分为两种类型:一种是两个超导结并联构成低感超导环,用直流偏置或加低频调制,称为双结磁强计或直流超导量子干涉仪;另一种是含有一个超导结的低感超导环,用射频调制,称为单结磁强计或射频超导量子干涉仪。

3.3　高压磁性测量技术

常见的高压磁性测量技术主要分为两种:静态磁性测量和动态磁性测量。

静态磁性是指物质在稳恒磁场中所表现出的磁性,因为稳恒磁场大多是由直流电流驱动的,所以静态磁性有时候也叫作直流磁性。具体说来,静态磁性参数包括铁磁性物质或者亚铁磁性物质的剩磁、矫顽力、饱和磁场、饱和磁化强度、最大磁能积、各种磁化率以及磁导率。静态磁性测量所要测量的量是在特定的磁场下材料内部的磁场和磁化强度,可以归结为函数关系,这种函数关系具体的体现就是基本磁化曲线和磁滞回线。

静态磁性测量最常用的方法是电磁感应的方法,通过改变通入探测线圈的磁场或者改变测量样品和探测线圈之间的相对位置来改变探测线圈内的磁通量,使探测线圈两端产生感应电动势,对测量到的感应电动势进行处理后得到样品的静态磁性参数。以下简述两种常见的静态磁性参数的测量方法。

(1)测量闭路样品静态磁性

闭路样品要求样品具有闭合磁路,然后用螺线环将闭路样品缠绕起来并进行磁化,如图 3-3 所示。闭路样品在磁化时样品内部没有退磁场和漏磁,因此所测量的静态磁性参数就是样品的实际参数。但是闭路样品对样品的形状有严格要求,而且螺线环所能产生的磁场也不高,因此在测量时有一定的局限性。但是因为其结构简单、测量精度高,目前仍然被广泛使用,甚至作为其他测量方法的定标工具。冲击法是测量闭路样品静态磁性最常用的方法。冲击法测量闭路样品静态磁性是在闭合磁路的样品上均匀绕满激励线圈,激励线圈的匝数要根据样品的饱和磁感应强度、绕制导线的直径等决定。

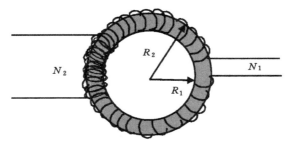

图 3-3　冲击法测量闭路样品磁性示意图

（2）开路样品的静态磁性参数

闭路磁性参数测量虽然装置简单、操作方便,但是由于螺线环不能产生较高的磁场而且对样品形状的要求比较高,并不能满足大部分磁性测量的要求,因此大多数情况下需要采用开路的样品进行测量。开路样品并不具备一个闭合的磁路,在均匀的外加磁场中,除了椭球形的样品外,其他形状的样品无法均匀磁化,而且由于退磁场的作用,样品中的磁场并不等于外部磁场,而是等于外部磁场和退磁场的总和。对于圆柱形的样品而言,退磁因子与样品的长度直径比有关系。对于开路样品的静态磁性测量,要解决的主要问题是如何排除样品的形状、尺寸以及退磁场对测量结果的影响。开路样品的静态磁性参数的测量方法有很多,比较普遍的有冲击法及使用电子磁通计、振动样品磁强计等测量。振动样品磁强计由于可以使用小样品进行测量、灵敏度高、可重复性好、能够消除时间变化引起的误差、可以在设备中加入温度控制装置等优点目前被广泛应用。

动态磁性是相对于静态磁化而言的,即外加磁场并不是像静态磁化那样是稳定不变的,而是随时间变化的。动态磁性参数指的是磁性材料在交变磁场中进行磁化的磁特性,这里所说的交变磁场是一个广义的概念,不仅仅包括交变磁场,还包括在直流磁场上叠加一个交变磁场、交流磁场上再叠加交流磁场以及脉冲磁场等。

与静态磁性参数的测量相同,动态磁性参数测量所要测量的参数可以反映在磁感应强度随磁场变化的函数关系上,即可以用初始磁化曲线、磁滞回线和磁导率曲线进行描述。但是,动态磁性测量与静态磁性测量在许多方面存在不同,主要体现在:

① 在静态磁化的时候,在外磁场不变的情况下,样品的磁感应强度一般不会随时间变化;而动态磁化过程中,磁感应强度和磁场强度都随时间快速变化。静态磁化时,对于一个确定的外磁场强度,有足够多的时间使得样品的磁感应强度达到一个稳定的数值;动态磁化时,对一个确定的外磁场强度,样品的磁感应强度达不到该磁场强度下的稳定值。

② 与静态磁化相比,动态磁化的磁特性强烈地依赖于激励磁场的频

率、幅值和波形。

③ 在静态磁化过程中,通常用磁导率表示样品被磁化的难易程度,用磁导率建立起磁场强度和样品磁感应强度之间的关系,铁磁性样品磁导率虽然不是常数,但是为实数。而对于动态磁化,虽然也可以通过磁导率来建立磁场强度和磁感应强度之间的关系,进而得到磁化曲线,用来描述在不同磁场强度下磁感应强度的变化趋势,但是这种描述是片面的,并不能完全体现出动态磁化的本质,因为在动态磁化过程中,磁导率是复数。

以上提到的动态磁化与静态磁化的不同对动态磁化参数的测量提出了更高的要求,而且在测量过程中测量参数的意义也与静态磁化测量有所不同。在动态磁化过程中,磁感应强度和磁场强度之间存在相位差,而且二者随时间的变化变得非常复杂,因为磁场强度和磁感应强度不同,样品也有着不同的磁导率。

目前常用的原位立方六面砧高压与低温物性测量装置最初是由东京大学物性研究所的莫里教授设计发明的,其核心部分由从 3 个正交方向挤压在立方密封块的 6 个锤头构成,而 6 个锤头的同步运动是由一对可以把单轴荷载转化为三轴荷载的导向块来驱动的;在立方密封块的中心,样品通过导电金线悬挂在充满液体传压介质的特氟龙胶囊内部。相比于对顶砧类型的高压设备,如金刚石对顶砧与布里奇曼压腔,采用三轴加压的方式以及液体传压介质可以确保在特氟龙胶囊内产生各向同性且均匀的压强,并且最终可以观测到截然不同的物理现象,比如在 8 GPa 附近观测到了 Fe_3O_4 的金属化现象。

然而,这种质量非常大的六面砧锤头与压腔很难快速降温到 2 K 以及很难在压腔内整合比较高的磁场,莫里教授的继任者野田佳彦教授发明了自紧型立方六面砧压腔,其内部原理与前述相同,最大的改进是其荷载压力可以被铍铜的压腔和螺丝拧紧锁住,极大地减小了锤头的尺寸与质量,并且可以配合稀释制冷机以及磁体,而这些改进与发展被证实对于在重费米子系统中发现新的现象非常关键。

高压系统包括立方六面砧高压腔与压机两部分,压机可以施加压力,进而可以辅助拧紧压腔,自紧型的高压腔通过螺帽可以锁住荷载压力。压机部分包括压机主体与控制柜。升降压设置可以通过控制柜面板进行,通过调节油量的输出旋钮可以实现精细升降压。完成所有设定后,按下开始按钮来控制压机进行升降压。立方六面砧高压腔的内部结构由铍铜材料的外腔、镍铬铝材料的上下导引块、螺丝扣以及碳化钨锤头构成。其中,锤头可以采用两种尺寸,分别为 4 mm 与 2.5 mm 的砧面边长,当实验中采用氧化镁作为密封块时,砧面边长为 4 mm 的锤头可以达到最高 8 GPa 的静水压,而砧面边长为 2.5 mm 的锤头可以达到最高 15 GPa 的静水压。

低温系统主要有家耐士公司的液氦连续型低温恒温器、爱德华公司的机械泵与分子泵。恒温器的大口径内腔可以容纳立方六面砧高压腔,并允许高压腔在其内部可以自由升降。爱德华公司的 E2M28 双级油封旋转泵的主要作用是抽液氦恒温器的样品腔。把样品放入样品腔里,打开针阀使液氦通过毛细管进入样品腔降温时,需要打开机械泵抽真空,让低温氦气从恒温器底部逐渐上升给压腔降温。当温度降到液氦沸点温度4.2 K 时,机械泵保持抽真空的状态会对样品腔里持续进入的液氦进行减压,由于减压的效果会使液氦的沸点进一步降低,以达到获取更低温度的目的,目前系统可以达到的最低温度为 1.5 K。爱德华公司的涡轮分子泵 T-station 75,主要用来抽液氦恒温器真空夹层的真空。每当系统从低温全部升至室温以后,第一步要给恒温器的真空夹层抽真空,完全抽走被活性炭吸附的水汽和气体,以达到比较高的真空状态,进而会使恒温器与外界达到很好的绝热效果,减弱热量的传递以降低液氦储槽内液氦的挥发量。

磁体系统的压缩机部分配合由吉福德和麦克马洪(简称 GM)发明的通过压缩氦气制冷的方法来给无液氦的室温孔超导磁体降温。GM 制冷设备主要由氦气压缩机和膨胀机两部分构成。由于压缩机采用闭式循环的工作模式,在制冷工作过程中不需要人为地额外添加氦气,所以要经常检查氦气的压力表,以便及时补充氦气,提高制冷机的制冷效率。压缩机启动前要先打开制冷循环水,以保证压缩机保持低温正常工作。

磁体系统的磁体部分在磁体降温前,首先要对磁体进行抽真空,以提高磁体使用时的工作效率。磁体电源正负极线接头与磁体之间一定要拧紧，并且保持通风干燥，防止出现磁体失超烧毁电极的情况；磁体的电源监控线可以实时与磁体电源进行反馈，以维持室温孔磁体保持正常高效的运行；磁体温度监控线与监视器连接，用以实时监视磁体屏蔽层以及超导线圈的温度，防止意外发生。抽完真空以后便可以开启压缩机进行降温，降温过程大概需要 72 h。

磁体系统的测试系统主要由不同功能的仪表构成，通过联合使用仪表可以完成对物质材料的电阻率、磁阻、核磁共振、霍尔效应、介电常数以及交流磁化率等的测试。

3.4 信号检测基本方法

由于待测的微弱信号的特点不同，其检测方法也不尽相同，但是微弱信号检测一般都遵循以下三个途径：① 降低传感器的本底噪声以及放大器和电路的固有噪声，尽可能地提高信噪比；② 根据实际情况探索适合的微弱信号检测原理并开发相应的满足条件的元器件；③ 通过微弱信号检测技术和手段提取信号。这三者是微弱信号检测的基本方法，在实际测量中缺一不可。对于特定的信号，已发展出比较成熟的微弱信号检测技术。

（1）单次信号并行检测

对只有一次的信号进行检测时，显然之前提到的方法不再适用，需要采用一种新的检测方法，即并行检测。并行检测需要有一个传感器阵列，阵列中的每一个传感器都可以对信号进行独立的检测并存储。

（2）自适应噪声抵消系统

自适应噪声抵消系统需要一个额外的参考输入，如果参考输入有干扰噪声出现，那么系统能将之与信号混杂的干扰噪声成分进行有效的抵消，从而提高信噪比，不会使信号引起畸变。

（3）时域信号平均技术

对于时域信号而言,相干检测技术不再适用,一种符合时域信号特点的采样平均技术被提出并得到发展。对微弱时域信号进行检测的首要目的是从噪声中提取时域信号并将其波形恢复。对于重复的时域信号波形,在其出现的周期内取一个样本,并在相同的时间间隔内重复取样 m 次,则信噪比与原来相比提高了 m 的平方根倍。如果将待测的信号按照时间间隔划分为 n 个周期,将每个周期的平均取样结果记录,便能够使淹没在噪声中的待测时域信号波形得到恢复。可见,m 越大,则检测的信噪比越高;n 越大,恢复的波形越完整。时域信号平均技术是以牺牲时间为代价来进行微弱信号检测的,为了测量一个完整的波形,一共需要 $m \times n$ 次采集。

(4) 频域信号窄带化技术

频域信号或者是被调制成频域信号的其他信号,往往使用带通滤波器对中心频域 f_0 实现窄带化。对于带通滤波器而言,在频率为 f_0 的工作点工作时,只有频率在 $f_0 \pm \Delta f$ 的信号可以通过,这就极大地减小了待测信号中的噪声。带通滤波器的通频带 Δf 越小,带通滤波器去除噪声的能力就越强,检测就越理想。一般用 Q 值[$Q = f_0/(2\Delta f)$]来表示带通滤波器的滤波能力。Q 值越高的带通滤波器越有利于过滤噪声,但是实际上带通滤波器的值是有限的,因此用这种方法进行微弱信号检测的去噪效果并不明显。而对于低通滤波器,其通带宽 Δf 可以做到足够小,为微弱信号检测去噪提供了一个强有力的工具。频域信号窄带化技术是一种相干检测技术,锁相放大器就是利用这一原理进行弱信号检测的。

自 1962 年 EG & GPARC 公司的第一台锁相放大器 Lock-in Amplifier (简称 LIA)问世以来,微弱信号检测技术就进入了一个新的时代,锁相放大器作为强大的微弱信号检测仪器极大地推动了基础科学、工程科学的发展,在物理学、化学、地质学、生物医学等领域得到了广泛的应用。锁相放大技术是一种频域信号相干检测技术,这种技术能将待测信号选频放大并从噪声中提取出来。锁相放大器的整体增益可以达到 10^{11} 以上,等效噪声带宽可以达到 $0.000\ 4$ Hz,意味着它有能力将 0.1 nV 的信号放大到 10 V 以上,这是带通滤波器所做不到的。锁相放大器强大的去噪能力是基于以下三个原因:① 将直流信号或者低频信号通过调制器使其频谱迁移到调制频率两边,之后再对调制后的信号进行选频放大,以此来避免 $1/f$ 噪声的干扰。② 带通滤波器仅仅对待测信号的频率进行了识别,而待测信号的另一个重要参数——相位并未被识别。如果一种器件既能够对待测信号的频率进行锁定,又能锁定信号的相位,检测的信噪比将大幅度地提高。③ 带通滤波器由于 Q 值有限,并不能有太窄的通带宽,而低通滤波器就是一个积分器,在理论上讲,只要时间常数足够大,通带宽可以做到足够窄。

典型的锁相放大器主要部分包括信号通道、参考通道、相关器三部分。锁相放大器所要检测的信号往往是十分微弱的,虽然相敏检波器能够对微弱信号进行处理,但是过于微弱的信号会产生较大的误差,因此在信号进入相敏检波器之前必须对信号进行放大和对噪声进行预处理,保证相敏检波器工作在最佳的状态。这里所采用的前置放大器必须是低噪声的,以免引入更多的噪声。滤波器能够过滤掉通带频率外的噪声信号,对噪声进行预处理,但是滤波器的带宽不能选择得太窄,以避免在温度或电路电阻发生变化时信号的频谱偏离通频带。参考信号的功能是为相敏检波器提供一个可以锁定待测信号的参考,参考信号可以是正弦波、方波、三角波和脉冲波形等。但是,在实际使用过程中为了防止参考信号的幅值漂移影响测量准确度,一般采用正负周期比为 1:1 的方波信号。相关器是锁相放大器的核心部件,通过相敏检波器和低通滤波器后的信号是一个直流信号,往往十分微弱,如此微弱的直流信号检测起来也是十分困难的。因此,往往在相关器中加入一个直流放大器,由于在直流频谱范围内 $1/f$ 噪声的影响很大,所以直流放大器必须有尽量小的 $1/f$ 噪声。

任何测量设备都应该有自己的性能指标,锁相放大器作为一个微弱信号检测设备,除了有一般设备所必需的灵敏度、线性度、分辨率等性能指标外,还具有自己特有的一些性能指标,常用的有:

① 满刻灵敏度:是指当锁相放大器的输出达到满刻度的时候,输入的同频、同相信号的有效值。输入信号要在信号通道进行放大,所以信号通道的放大器增益对满刻灵敏度有较大的影响,一般在讨论满刻灵敏度时都将

放大器的增益设为最大。因此,满刻灵敏度通常是指当放大器增益最大时,使得输出达到满刻度的输入电平有效值。

② 过载电平:如果输入的电平过大,会造成锁相放大器系统的非线性失真,显然这是不希望的结果。因为输入信号要经过几级放大器,所以单独一级的输入信号不引起系统非线性失真并不能保证输入信号电平不过载,所以过载电平应该定义为使锁相放大器任何一级出现临界过载的输入信号电平。因为在锁相放大器的输入信号中,噪声信号远远大于待测信号,所以过载电平的水平往往是由输入信号的噪声所决定的。

③ 最小可测量信号:锁相放大器的最小可测量信号是锁相放大器测量的下限,是锁相放大器所能识别的最小输入信号。最小可测量信号主要受到锁相放大器系统的温漂和时漂的影响,当输入信号中待测信号的幅值小于最小可测量信号时,那么在直流输出端,由于温漂和时漂的影响,待测信号的直流输出将被淹没,测量结果也无法正确表示待测信号。

④ 动态储备:过载电平是远远大于满刻灵敏度的,所以将过载电平和满刻灵敏度的比值定义为动态储备,所表征的是锁相放大器抑制噪声以及抵御噪声影响的能力。

⑤ 输出动态范围:定义为满刻灵敏度与最小可测信号的比值,通常以分贝的形式表示,表示的是在锁相放大器的检测范围内,允许的待测信号输入的动态范围。

⑥ 输入总动态范围:定义为过载电平和最小可测信号的比值,表示的是锁相放大器的输入信号电平与最小可测信号之间的关系,它是反映锁相放大器从噪声中检测待测信号能力的重要指标。

第4章 第一性原理模拟计算概述

　　材料的模拟计算研究最常用的方法为第一性原理计算方法。有限元和有限差分等数值计算方法中，求解的过程中需要知道一些物理参量，如温度场方程中的热传导系数和浓度场方程中的扩散系数等，这些参量随着材料的不同而改变，需要通过实验或经验来确定，所以这些方法也叫作经验或者半经验方法。而第一性原理计算方法只需要知道几个基本的物理参量如电子质量、电子电量、原子质量、原子核电荷数、普朗克常数、波尔半径等，而不需要知道那些经验或半经验的参数。第一性原理计算方法的理论基础是量子力学，即对体系薛定谔方程的求解。

　　量子力学是反映微观粒子运动规律的理论。量子力学的出现，使得人们对于物质微观结构的认识日益深入。原则上，量子力学完全可以解释原子之间是如何相互作用从而构成固体的。量子力学在物理、化学、材料、生物以及许多现代技术中得到了广泛的应用。以量子力学为基础而发展起来的固体物理学，使人们搞清了"为什么物质有半导体、导体、绝缘体的区别"等一系列基本问题，引发了通信技术和计算机技术的重大变革。目前，结合高速发展的计算机技术建立起来的计算材料科学已经在材料设计、物性研究方面发挥着越来越重要的作用。

　　但是固体是具有高达 10^{23} 数量级粒子的多粒子系统，具体应用量子理论时会导致物理方程过于复杂以至于无法求解，所以将量子理论应用于固体系统必须采用一些近似和简化。绝热近似将电子的运动和原子核的运动分开，从而将多粒子系统简化为多电子系统。而哈里特-福克近似则将多电子问题简化为仅以单电子波函数（分子轨道）为基本变量的单粒子问题。但是其中波函数的行列式表示使得求解需要非常大的计算量;对于研究分子体系,它可以作为一个很好的出发点,但是不适于研究固态体系。1964 年,霍恩伯格和科恩提出了严格的密度泛函理论(Density Functional Theory,DFT)。该理论建立在非均匀电子气理论基础之上,以粒子数密度作为基本变量。1965 年,科恩和沙姆提出 K-S 方程将复杂的多电子问题及其对应的薛定谔方程转化为相对简单的单电子问题及单电子 K-S 方程。将精确的密度泛函理论应用到实际,需要对电子间的交换关联作用进行近似。局域密度近似(LDA)、广义梯度近似(GGA)等的提出,以及以密度泛函理论为基础的计算方法[赝势方法、全势线形缀加平面波方法(FLAPW)等]的提出,使得密度泛函理论在化学和固体物理中的电子结构计算取得了广泛的应用,从而使得固体材料的研究取得了长足的进步。

4.1　第一性原理计算

进行第一性原理计算前,首先需要确定体系模型,即模型的晶胞和晶胞中原子的坐标。晶体具有周期对称性,具有三个基矢方向和基矢大小(晶格常数)。由于理论计算确定的平衡晶格常数和实验值有所差别,因此建立模型前需要确定平衡晶格常数。晶格常数的确定采用如下步骤:

通过改变三个基矢的大小来改变单胞的体积(81%～119%)。通过第一性原理计算可以得到具有不同体积的模型的能量。通过拟合默纳罕状态方程得到晶体的晶格常数以及单胞的能量:

$$E(V) = E_0(V_0) + \frac{B_0 V}{B_0'(B_0'-1)}\left[B_0'\left(1 - \frac{V_0}{V}\right) + \left(\frac{V_0}{V}\right)^{B_0'} - 1\right]$$

式中,V_0 为基态平衡体积;$E_0(V_0)$ 为基态下体系的结合能(相对于对应孤立原子能量);V 为原胞体积;B_0 为体模量;B_0' 为体模量对压强的导数。

可以确定在一定体积下体系的能量达到极小值,即体系的基态能量,所对应的体积为体系的平衡体积,进而可以得到模型中三个基矢的大小,从而确定晶体的平衡晶格常数。这里需要指出的是,不同的第一性原理计算方法给出的能量代表的物理意义不同,但是本质上都可以反映体系的稳定性。例如,总能是指构成体系的原子孤立时的能量减去原子成键放出的能量;结合能是以孤立原子的能量为零点体系具有的总能,即原子构成晶体时放出的能量。

在上面求得的晶格常数的基础上,根据要研究的物理问题,确定体系中包含原子数目的多少,建立第一性原理计算模型。第一性原理计算的模型通常选取一个或几个单胞(超单胞)作为模型,选取的模型具有三个基矢方向,应保证沿着三个基矢方向平移后可以构成无限大的晶体。第一性原理计算输入的原子坐标有两种坐标形式,一种是笛卡尔坐标,一种是分数坐标。

对于研究合金中的掺杂问题,由于掺杂元素的量很少,所以建立的模型需要取多个单胞(超单胞)。随着模型中原子数目的增加,第一性原理计算方法的计算量呈指数增加,对于掺杂量很低的情况(如 0.1%),需要模型中至少取 1 000 个原子来和实际相符合,这超出了第一性原理计算在目前计算机上的计算能力(100 原子左右),所以建立模型时需要考虑能够反映要研究的实际问题就可以。假设一个超单胞中只存在一个掺杂原子,这样相邻两个超单胞中掺杂原子的间距为超单胞的基矢大小。一般两个原子之间相隔 3~4 个原子层,原子之间的相互作用就可以认为非常小了。所以选取 8 个单胞构成的超单胞就可以基本反映掺杂量很低的掺杂问题了。

将建立好的模型进行第一性原理计算可以得到体系的总能,对总能进行变换可以定义体系的内聚能、形成能以及择优占位能,进而可以对掺杂是否有利于形成、形成掺杂后对体系稳定的影响等进行分析。内聚能指体系的总能减去所有原子孤立时的能量,即由于原子之间的相互作用而放出能量,从而内聚能为负值,数值越小表示形成的体系越稳定,通过和没有掺杂的体系的内聚能相比较可以看出掺杂元素对体系稳定性的影响。形成能指体系的总能减去体系中各自元素对应的晶体中原子的能量,形成能可表示各种金属组成合金的能力,通过比较掺杂原子替代合金中不同元素原子时体系的形成能可以得到掺杂原子倾向位于合金的什么位置,这个差值就可以定义为择优占位能。这里需要强调的是,各种能量是根据要研究的具体问题来定义的,比如我们要研究掺杂原子倾向于位于合金的什么位置,使用总能是不能得到的,因为超单胞模型中各种原子的数目不相同,而每种原子的能量是不一样的,没有可比性,所以定义了择优占位能。

　　电荷密度就是晶体中电子密度的分布。通过电荷密度可以知道晶体中原子间的成键状态,如金属键、共价键、离子健、范德瓦耳斯键和氢键。为了更好地表示原子形成晶体后原子间的电荷转移和成键情况,引入差分电荷密度,即两个体系中电荷密度的差值。这两个体系应该具有相同的超单胞,超单胞中原子类型可以不一样,而原子位置要基本一致。比如,Ni_3Al 中一个 Ni 被掺杂元素替代时体系的电荷密度减去没有掺杂的 Ni_3Al 的电荷密度而得到差分电荷密度,通过图形可以清楚地看出由于掺杂元素的存在所导致的电子分布状态的改变。再如,可以将 Ni_3Al 晶体的电荷密度减去 Ni 和 Al 原子放在超单胞相同位置时孤立 Ni 和 Al 原子的电荷密度,可以得到 Ni_3Al 中 Ni 和 Al 原子成键过程中电子密度分布的变化,从而更好地观察原子之间的成键情况。

　　能带理论是目前研究固体中电子运动的一个主要基础性理论,是在用量子力学研究金属电导理论的过程中逐渐发展起来的。最初的成就在于定性地阐明了晶体中电子运动普遍性的特点,例如固体为什么会有导体、非导体的区别,晶体中电子的平均自由程为什么会远大于原子的间距等。在半导体技术上,能带理论提供了分析半导体理论问题的基础,有力地推动了半导体技术的发展。

　　能带理论是一个近似的理论。在固体中存在大量的电子,它们的运动是相互关联的,每个电子的运动都要受其他电子运动的牵连。其中,价电子是人们最关心的。在原子结合成固体的过程中,价电子的运动状态发生了很大的变化,而芯电子的变化却比较小,因此可以把原子核和芯电子近似看成是一个离子实,把价电子可以看成在一个等效势场中运动。能带理论的出发点是固体中的电子不再束缚于个别原子,而是在整个固体内运动,称为共有化电子。

由前面的讨论可知,晶体中电子能量状态可以取一定的能量范围,在此能量范围内在不同的能量区间电子能量状态的多少或填充这些能量状态的电子数目是不一样的。电子状态密度反映了这个不同,即在一能量区间内电子状态(数目)的多少。通过对体系电子状态密度的分析可以得到晶体中原子间的电子杂化情况。

经过绝热近似得到的多电子体系的薛定谔方程中,由于哈密顿量中包含多体相互作用项(第二项),该项不能分离变量,因而方程难以直接解析求解。为了求解多电子薛定谔方程,需要引入单电子近似:对于含有 N 个电子的多体系统,假设每个电子都近似看成是在原子核及其他 $N-1$ 个电子所形成的平均势场中运动。这样就将多体问题简化成了多个单体问题。

4.2　密度泛函理论

密度泛函理论的基本物理思想是体系的基态物理性质可以仅仅通过电子密度 $\rho(r)$ 来确定。由量子力学知道,由哈密顿 $\hat{H}$ 描述的电子体系的基态能量和基态波函数都可由能量泛函 $E[\Psi]=\langle\Psi|\hat{H}|\Psi\rangle/\langle\Psi|\Psi\rangle$ 取最小值来决定;而对于 N 电子体,外部势能 $V(r)$ 完全确定了哈密顿 $\hat{H}$,因此 N 和 $V(r)$ 决定了体系基态的所有性质。

电子和离子是固体中的基础模块。对大部分固态性质的理解取决于对相关的量子客体的认识,即电子准粒子和声子的认识。解决电离子耦合的量子力学问题是一个艰难的任务。由于电子和离子之间有很大的质量差异,所以作为第一个近似,它们可以被认为是独立的动力学子体系。声子问题的解决需要花费更大的努力,因为精确的电子结构是计算基础振动问题的先决条件。密度泛函微扰理论是对线性响应方案的发展,是一个有效和精确的方法,已经发展了各种有力的工具。电声耦合这些成分之间的相互作用影响甚至主导了固体中许多物理现象。在金属中,值得注意的是晶格振动能很强地影响低能电子激发态,同时能用来理解在超导这个宏观量子现象下的电子配对机制。

所以,当总粒子数 N 不变时,多电子体系的基态能量是基态密度的唯一泛函。接下来就是如何对能量泛函 $E[\rho]$ 进行变分处理,并将多体问题严格转化为单电子问题。

电子的能量可以表示为:有相互作用粒子系统的动能泛函,外场对电子的作用,电子间库仑排斥作用,电子间的交换关联作用,也是 $\rho(\boldsymbol{r})$ 的泛函。

K-S 单电子方程为:

$$\left\{-\frac{1}{2}\nabla_r^2 + V_{\text{K-S}}[\rho(\boldsymbol{r})]\right\}\varphi_i(\boldsymbol{r}) = \varepsilon_i\varphi_i(\boldsymbol{r})$$

这里,电荷密度用单电子波函数表示:

$$\rho(\boldsymbol{r}) = \sum_i n_i |\varphi_i(\boldsymbol{r})|^2$$

单电子有效势为:

$$V_{\text{K-S}}[\rho] = v(\boldsymbol{r}) + \int\frac{\rho(\boldsymbol{r}')}{|\boldsymbol{r}-\boldsymbol{r}'|}\mathrm{d}\boldsymbol{r}' + V_{\text{xc}}[\rho(\boldsymbol{r})]$$

K-S 方程的基本思想就是:用无相互作用粒子模型代替有相互作用粒子哈密顿量中的相应项,而将有相互作用粒子的全部复杂性归入交换关联相互作用泛函,从而导出了单电子 K-S 方程。K-S 方程在密度泛函理论的框架内是严格的,但是交换关联能泛函 $E_{\text{xc}}[\rho(\boldsymbol{r})]$ 的具体形式未知,实际中需要对其进行近似。

局域密度近似是处理交换关联泛函的一个简单可行的近似,目前得到了非常广泛的应用。其基本想法是:利用均匀电子气的密度 $\rho(\boldsymbol{r})$ 来得到非均匀电子气的交换关联泛函。局域密度近似下,$E_{\text{xc}}[\rho(\boldsymbol{r})]$ 表示为:

$$E_{\text{xc}}^{\text{LDA}}[\rho(\boldsymbol{r})] = \int\rho(\boldsymbol{r})\varepsilon_{\text{xc}}(\rho)\mathrm{d}\boldsymbol{r}$$

式中,$\varepsilon_{\text{xc}}[\rho(\boldsymbol{r})]$ 是密度为 $\rho(\boldsymbol{r})$ 的均匀电子气的每个粒子的交换关联能。

局域密度近似 LDA 适用于 $\rho(\boldsymbol{r})$ 在局域费米波长 λ_{F} 和托马斯-费米波长 λ_{TF} 尺度上变化缓慢的体系。在实际电子体系中,在局域费米波长和屏蔽长度的尺度上,电子密度并不是缓慢变化的。但对于原子、分子和固体的许多基态性质,包括键长、键角,LDA 计算仍然给出了非常有用的结果。

固体物理中所研究的体系通常具有空间平移对称性,一般可以采用周期性边界条件的倒易空间能带方法进行处理。第一性原理赝势平面波方法就是这类计算方法中的一种,它是非常高效的从头算量子力学计算方法,已经被广泛应用于研究各种材料的晶体结构和电子结构性质。第一性原理赝势方法是以平面波作为基函数,通过构造超原胞进行第一性原理电子结构计算的方法。

(1)布里赫定理

布里赫定理指出:在具有空间平移对称性的固体体系中,体系的电子波函数可以写成:

$$\varphi_i(\boldsymbol{r}) = e^{i\boldsymbol{k}\cdot\boldsymbol{r}} f_i(\boldsymbol{r})$$

这里,$f_i(\boldsymbol{r})$ 是与原胞周期性有关的部分,满足如下关系:

$$f_i(\boldsymbol{r}) = f_i(\boldsymbol{r}+\boldsymbol{R})$$

式中,$\boldsymbol{R}$ 是体系的晶格格矢。

$f_i(\boldsymbol{r})$ 可以用倒格矢作为波矢的平面波进行展开:

$$f_i(\boldsymbol{r}) = \sum_{\boldsymbol{G}} c_{i,\boldsymbol{G}} e^{i\boldsymbol{G}\cdot\boldsymbol{r}}$$

这里,倒格矢 $\boldsymbol{G}$ 由晶体的格矢 $\boldsymbol{R}$ 定义如下:$\boldsymbol{G}\cdot\boldsymbol{R}=2\pi m$,$m$ 为整数。因此,每一个电子波函数都可以用平面波展开:

$$\varphi_i(\boldsymbol{r}) = \sum_{\boldsymbol{G}} c_{i,\boldsymbol{G}} e^{i(\boldsymbol{k}+\boldsymbol{G})\cdot\boldsymbol{r}}$$

在倒格矢 $\boldsymbol{G}$ 取到无穷大时,$\{e^{i\boldsymbol{k}\cdot\boldsymbol{r}}\}$ 构成一组完备基,因此单电子波函数可以精确展开。但是在实际工作中,显然不可能将 $\boldsymbol{G}$ 取到无穷大,必须设定一个截断能量,使得 $|\boldsymbol{k}+\boldsymbol{G}|^2/2<E_{\text{cut}}$,从而决定计算中所用的平面波基组的维数。在实际的计算中,需要对截断能量的选取进行测试。

(2)$\boldsymbol{k}$ 点采样

在赝势平面波方法中,由于周期性体系边界条件的约束,每个 $\boldsymbol{k}$ 点只能占据有限数目的电子态;所有这些 $\boldsymbol{k}$ 点的占据态都对体系的总能有一定的贡献。所以体系总能的计算以及电子密度的构建需要在布里渊区内对波矢 $\boldsymbol{k}$ 求积分。由于被积函数在倒易空间内也是周期性的，所以可以只对不可约布里渊区中的 $\boldsymbol{k}$ 点进行计算。在实际中，由于那些相距非常近的 $\boldsymbol{k}$ 点的波函数几乎相同，因而有可能用单个 $\boldsymbol{k}$ 点的波函数来代表 $\boldsymbol{k}$ 空间一个区域的波函数。这样，只需要计算有限的 $\boldsymbol{k}$ 点上的电子态就能计算体系的总能。

（3）K-S 方程的平面波表示

对 $\boldsymbol{r}$ 积分，可得到下面的久期方程：

$$\sum_{\boldsymbol{G}'}\left[\frac{1}{2}\,|\,\boldsymbol{k}+\boldsymbol{G}\,|^2\delta_{\boldsymbol{G}\boldsymbol{G}'}+V_{\text{K-S}}(\boldsymbol{G}-\boldsymbol{G}')\right]c_{i,\boldsymbol{k}+\boldsymbol{G}'}=\varepsilon_i c_{i,\boldsymbol{k}+\boldsymbol{G}'}$$

可见，当采用平面波作为基组时，K-S 方程具有一个相当简单的形式。在这种形式里，左边第一项为对角化的动能项，第二项 $V_{\text{K-S}}(\boldsymbol{G}-\boldsymbol{G}')$ 为实空间中相应势函数的傅里叶变换。通过对角化方程左边的哈密顿矩阵可以得到体系的本征能级和本征矢。

方程中哈密顿矩阵的维数依赖于截断能量 $\frac{1}{2}\,|\,\boldsymbol{k}+\boldsymbol{G}_c\,|^2$。对于固体体系，芯电子通常不参与成键，有效质量大；在固体能带中，芯态能级构成非常狭窄的、几乎无色散的能带，可以与价态本征谱明显区分。当轨道同时包含价电子和芯电子时，为了使平面波法能够用于波函数的计算，它必须反映波函数的上述两种特征。但是在平面波法中要求的波函数在离子实区的振荡特征必须在平面波展开中有较多的短波成分，这时矩阵维数将变得很大，求解变得十分困难。另外，计算位于深能级的被填满的芯态代价昂贵且在动量空间收敛很慢。根据芯电子几乎不参与成键这一特性，在计算中引入原子赝势，可以在不损失精度的前提下比较好地解决上述问题。

赝势方法是第一性原理计算中非常重要的方法，它的核心思想是将芯电子效应用原子赝势代替，使得 K-S 方程仅需考虑求解价电子波函数。这样，赝波函数要比全电子波函数简单而平滑，节点数大为减少，计算量因而大大降低。

赝势的目的之一是产生尽可能平滑和精确的赝函数。比如在平面波计算中，价函数展开成傅里叶函数，计算量和所需的傅里叶成分一样多。因此,对于最大化平滑度的一个有意义的定义就是使需要描述的价电子性质达到给定精确度的傅里叶空间最小化。模守恒赝势经常在牺牲平滑度的基础上达到了精确的目标。超软赝势是不同的方法,离子核代表快速变化的密度,超软赝势通过重新描述它周围的平滑函数和一个辅助函数再描述的转变达到精确的目的。尽管这个方程在形式上和正交平面函数相关联,超软赝势在解决方程的时候超出了这些规范化的应用,但是仍是一个很实用的方法。

类似于从第一性原理层面到全原子层面,粗粒化方法力图从全原子层面进一步简化到粗粒化层面,以期大大提高计算的时间和空间尺度。困难在于全原子层面上,原子间相互作用并不集中在局部,而在第一性层面上,电子及其相互作用基本局限在相应的原子核周围。不同的粗粒化方法着重于重建不同的物性,如结构或扩散特性等。一些粗粒化方法假定作用势的函数形式,然后用全原子模拟的结果定参数。另一类从结构函数出发,反推出作用势。

投影缀加波方法是从正交平面波演化而来的一个解决电子结构问题的一般方法,能用来进行对总能、力和应力的相关计算。像超软赝势方法引进了投影算子和辅助的局域函数,投影缀加波方法也定义了一个总能的函数,其中包括了辅助的函数,并运用算法的优势对一般的本征值问题进行有效的求解。然而,和一般的正交平面波相似,投影缀加波方法仍旧保持了完整的全电子波函数;由于在核附近完整的波函数变化非常快,所有的积分是对整体的一个估算,联合了扩展到整体空间的平滑函数的积分和在整个Muffin-Tin 球上由半径积分估算得到的局域贡献。

晶格动力学的性质由绝热晶格势 Ω 决定,该势相当于在一个固定离子构型的基态能量。因此,晶格动力学只取决于电子体系的基态性质,在密度泛函理论的框架下是很容易获得的。用第一性原理得到晶格动力学性质方法的概述大致分为两部分:直接方法和线性响应技术。

直接方法取决于理想晶格和离子偏移平衡位置几何构型的基态及计算。凝聚声子技术是最简单的也是被第一次提出的方法,它通过总能对偏移量的二次偏导得到正常模式的频率,因此需要提前知道声子本征值的相关知识,该法只能用在对称性完全决定凝聚声子的形式的情况下。

更有效的机制是采用离子位移和在晶胞中其他离子感受到的力之间的线性关系。其中,力可以直接由赫尔曼-费莱曼理论下的基态计算求得的物理量中得到。然后一个简单的计算就可以给定完整的动力学矩阵的信息。完整的动力学矩阵就可以用一些合适的选定的位移来构造。因此,这个方法并不需要对正常模式优先认知的信息。由于凝聚声子计算采用的是离子的有限位移,因此结果主要包含所有的非谐效果,可以用来得到更高的非谐耦合常数。直接方法的一个弊端是需要借助超胞来提炼非零波矢声子的性质。完整的声子谱需要比有效的晶格相互作用更大的超胞,而线性响应方法可以直接在微扰机制下直接得到总能。动力学矩阵就是从能量对离子位移的二阶导得到的。它的优势在于是可以直接作用在倒格矢空间,在不扩胞的情况下可以得到任意波矢的动力学矩阵。

超导是电子体系的宏观量子现象。它是由于费米液态的不稳定性引起的,从而导致了相关联的电子对的新的基态。BCS 理论提出当两个电子之间存在小的相互吸引力的时候,这个态就稳定下来了。这种吸引力是由电声耦合引起的,代表了金属中的一种自然现象。电声耦合是超导中最常见的成对机制,被称为是常规超导,区分于其他奇异的超导材料。

BCS 理论把电声耦合以一种弱耦合的简单形式加以处理,之后就有更加完整的适用于多体技术的理论被提了出来。随后,伊利亚施伯格理论把 BCS 理论的框架扩展到了强耦合范围,可以对超导体的许多性质进行预测。超导态的一个重要性质是准粒子谱的能隙,能隙的大小扮演了序参量的角色,能隙方程可以从解一系列方程的自洽过程得到。伊利亚施伯格能隙方程是正常态的性质,它定义了特殊的材料,之后将会聚焦在计算有效的电子相互作用的过程中。

电声耦合的另一个重要的物理后果是电子准粒子的重整化。对于金属是尤其明显的,因为对于金属费米面附近能量距离在声子频率级别内的电子态的影响很强。尽管此范围内的能量相对于整个电子范围的能量很小,但是由于费米面和输运及热导相关,所有影响很大。现在,许多实验设备都能很精细地探索电子准粒子的性质,一个很好的例子就是角分辨光电子谱(ARPES),它可以测量占据态的准粒子谱函数,而未占据态可以由泵针探实验进行探究。这样的研究可以提供由于电声耦合而引起的能量和动量相关的重整化的信息。由于这些仪器对表面态比较敏感,所以大多数都用来探索表面电子态。

在昂内斯发现了水银在 4.1 K 下的零电阻现象后,巴丁、库珀和施里夫在 1957 年提出了第一个超导微观理论(BCS 理论)。BCS 理论简化了相互作用,成功建立了配对机制,从而得到了很多相关的性质,同时这种普遍性也说明这个理论不能去分辨不同的超导体。在传统超导体中,费米液体理论能很好地得到运用,但是我们不能通过库仑相互作用来解决电子相互作用。实验告诉我们,库仑相互作用会在定义好的准粒子中出现。在 BSC 理论中,很多其他的比值也可以被确定。

后来在实验和理论上就出现了差异,BSC 理论被证明对于电声耦合很强的材料是不适合的。例如,电声耦合相互作用会引起费米能附近的电子态质量的增加,可以从热容和电子准粒子态的有限生命时间看出。在许多材料中这些效果是明显的,定义好的准粒子不再存在。然而,费曼-戴森微扰理论可以很精确地解决电声耦合问题。

对超导性质(如临界温度或者超导能隙)的预测仍然是现代凝聚态理论中的挑战。由于超导态的复杂性,对于超导态中配对机制的理解需要对电子结构、声子色散和电声子相互作用有更为细致的了解。比如,在临界温度下的常规超导体中,库仑屏蔽势和电声子之间的吸引作用导致了电子配对。从 BSC 理论出发,一些计算超导性质的方法已经被提出,如米格达尔-埃利亚梅形式就提供了对超导态非常精确的描述。由伊利亚施伯格理论提出的电声耦合是局域在空间的,会随着时间减慢,反映了晶格屏蔽的延迟。

4.3　交换-关联泛函

交换-关联泛函是 K-S 方程中仅有的近似项。因此,K-S 方程的可靠性与近似交换-关联泛函的有效程度有关。以不同的物理模型为基础,各式各样的交换-关联泛函应运而生。根据其具体特征,对交换-关联泛函可进行如下分类:

(1) 局域密度近似(LDA)泛函:泛函中仅包括电子密度 ρ。

(2) 广义梯度近似(GGA)泛函:在局域密度近似泛函基础上加入密度梯度进行修正。

(3) 梯度近似(Meta-GGA)泛函:在 GGA 泛函基础上加入动能密度进行修正。

(4) 杂化泛函:以一定比例将哈特里-福克交换积分项和原泛函混合。

(5) 半经验泛函:泛函中使用多种半经验参数。

(6) 先进泛函:根据组合泛函对泛函进行转化。

虽然还是有部分交换-关联泛函没有进入上述分类,但未被纳入的多是在以上泛函的基础上根据某些物理性质进行的修正。

交换-关联泛函的发展过程中,着重强调了两个标准:① 满足基本物理条件;② 准确再现多种分子间的性质和反应过程。以上两个标准促进了泛函的发展,然而为了得到更加准确的数据,加入了许多半经验参数,这在一定程度上违背了第一性原理。

对于新泛函的发展,需要有额外的标准:① 简洁,尽量使用最少的参数;② 不为了满足特定情况或特定物理量而加入人为项;③ 在考虑物理修正的过程中,不引入额外算符。随着多年的发展,有大量的交换-关联泛函被开发了出来。

尽管很早就被提出,但是直到 1951 年,斯莱特才将 LDA 交换泛函用作哈特里-福克方程中交换积分的近似项。与常见的交换积分类似,此泛函被首先用作福克算符的交换势,这低估了交换能量。为减小误差,将交换势与一个半经验系数 α 相乘。与交换泛函相反,LDA 没有准确的关联泛函。

截至目前,学术界已经对 LDA 开展了高密度极限、低密度极限和 RPA 研究。然而,高密度和低密度极限都没有在 LDA 关联泛函中提供相对中间区域的信息,RPA 则没有给出上述极限。因此,多种不同的替代型 LDA 关联泛函被开发出来。

GGA 关联泛函的构建与 GGA 交换泛函类似,此类泛函是在满足一定物理条件的关联能的基础上推导得到,再根据其他情景拟合相应参数。但这种关联泛函具有形式过于复杂、拟合参数较多的不足。

杂化泛函是将哈特里-福克交换积分和 GGA 交换泛函以一定的比例混合而成,即把交换泛函当作单电子体系的交换能,把哈特里-福克交换积分当作相互作用体系整体的交换能。杂化泛函的构建是建立在调节 GGA 交换泛函和哈特里-福克交换积分进而对确定交换能量拟合基础上的,因此,哈特里-福克交换积分并非是对交换泛函的修正。目前已经开发出了多种杂化泛函,比如 B3LYP 杂化泛函、PBEO 杂化泛函、HSE 杂化泛函等。HSE 杂化泛函被广泛用于固体物理的计算中,特别是在近些年开展的拓扑材料领域。

HSE 杂化泛函将 PBE 交换-关联泛函与哈特里-福克交换积分在短程部分进行混合。HSE 杂化泛函计算得到的半导体 HOMO-LUMO 带隙更加接近实验值。其中,参数 α 的值为 1/4,这里把哈特里-福克交换积分当作微扰,取代 PBE 交换泛函的 1/4 并视为三阶扩展项。HSE 最大的优势在于能准确计算半导体带隙,若和 LDA 相比,HSE 能同时提高半导体的晶格常数和能带能量。但这并不意味着长程部分不重要,即便是在半导体材料中,长程交换相互作用也可能会对能带能量造成影响。此外,相比于 PBE 泛函,HSE 泛函的计算时长更久,对计算资源的要求也会更高。

第5章　高压制备超导材料及其性质研究

高温超导电性是凝聚态物理一个重要的前沿课题,在其研究过程中高压方法也得到广泛应用,尤其是高温高压合成方法,在新材料探索领域起着极其重要的作用。

概括起来,高压方法在高温超导新材料探索中的作用可归纳为三个方面:① 扩大已有相的组分范围,即由于阴离子的压缩率一般大于阳离子,压力可以使阳离子与阴离子的半径比增大,所以一些在常压下难以做到的组分和掺杂在高压下就可以做到。② 形成新的亚稳相结构,即压力可以使晶体结构的配位数增加,在高压下可使物质的结构重排,从而可以合成一些常压下不存在的亚稳相。例如,$SrCuO_2$在常压下是正交晶系、铜氧链状结构,高压下合成的 $SrCuO_2$ 则是四方相、铜氧面结构,是一种无限层化合物。③ 超导系列中高阶相的形成和稳定,即多数系列常压下只能做出 n 较小的相,高压下则可以合成 n 比较大的相,同时还可以得到更高的超导转变温度。

寻找新型超导材料一直是超导研究的重要内容,而新材料的发现对超导电性的理解以及超导器件的发展等其他方面都有很大影响。在探索新的高温超导材料方面,高压合成方法已成为一种非常有效的手段,高压测量方法在超导电性研究中也得到普遍应用,高压极端条件正在超导研究领域起着越来越重要的作用,并且推动着凝聚态物理前沿问题的研究和发展。

5.1 铜氧化物超导材料

由于地球上氦气资源的稀缺,液氦的价格一直居高不下,这严重制约着超导体的大规模工业化应用。寻找高转变温度的超导体,成为科学家们的长期研究目标。但根据 BCS 理论,常压下超导体的最高转变温度一般不会超过 40 K,否则声子振动频率会过高,晶格失稳,这也就是麦克米兰极限。直到 1986 年以前,超导体的最高转变温度依然是 Nb_3Ge 薄膜的 23.2 K。

1986 年,国际商业机器公司 IBM 的贝德诺尔茨和米勒在 La-Ba-Cu-O 体系中发现了最高 35 K 的超导。这打破了 Nb_3Ge 薄膜的纪录,迅速引起了全世界科学家们的广泛关注,并且引起了一场追逐最高 T_c 的争夺战。1987 年,休斯敦大学的吴茂坤、朱经武和中国科学院物理研究所的赵忠贤等都在 Y-Ba-Cu-O 体系中发现了超过液氮温区的超导电性,T_c 可以达到 93 K,这突破了液氮的 77 K 温区,使得铜氧化物超导体工业上大规模应用成为可能。目前,铜氧化物超导体常压下的最高 T_c 已经达到了 133 K,高压下达到了 164 K。

从结构上看,大量的铜氧化物都是由钙钛矿结构衍生而来的,且都含有一层或多层二维性很强的 CuO_2 层。Cu—O 面之间经常填充 Ba、Ca、La 系等原子用来稳定结构。四方的 Cu—O 面被称为超导层,超导层以外的都是电荷储蓄层,用来传递电子或空穴载流子给超导层。

按照电荷储蓄层具体组分与结构的不同,铜氧化物一般可以分为Bi 系、Ti 系、Hg 系、Ru 系、R-123 系等众多体系。在未掺杂的铜氧化物母体中,Cu^{2+} 的最高能级仅有一半被填满,但由于多体关联效应而导致电子局域化,填充在半满能带的电子不能参与导电,这种行为的绝缘体被称为莫特绝缘体。在母体中,处于相邻 Cu^{2+} 格点上的电子,其自旋交换相互作用没有受到导电电子的屏蔽,在低温下是主宰低能激发的主要相互作用,导致自旋关联的反铁磁长程序的出现。通过掺杂引入空穴型载流子或者电子型载流子,铜氧化物母体的电子态能够显著地改变。常见的掺杂方式有元素替代、氧含量调节等。掺杂后,铜氧化物的母体打开了新的导电通道,材料整体的导电性上升,并且在掺杂达到一定浓度时,母体就会变成超导体。

对于空穴型掺杂,比如 La_2CuO_4 掺 Sr,在掺杂浓度为 3% 时反铁磁绝缘态消失,进一步掺杂到 5% 时超导相出现。超导相 T_c 最高处的浓度常被称为最佳掺杂。对于空穴型掺杂,最佳掺杂的浓度大约为 15%。过了最佳掺杂位置的区域被称为过掺杂区,还没达到最佳掺杂的位置为欠掺杂区。对于电子型掺杂,比如 Nd_2CuO 掺杂 Ce,其呈现和空穴型掺杂完全不同的景象。反铁磁绝缘态在掺杂浓度为 13% 时才消失,此时超导相已经出现,并且在掺杂浓度为 15% 时达到最佳掺杂。相比于空穴型掺杂,电子型掺杂诱导超导相的掺杂范围要小得多。

铜氧化物超导体具有大量和常规超导体不一样的地方。在常规超导体中,导致电子配对的是电子-声子相互作用,库珀对具有 s 波对称性,能隙在动量空间是各向同性的。而在铜氧化物超导体中,虽然实验上证实超导也是来源于电子配对在低温下的凝聚,但库珀对却具有 d 波对称性。其具有很强的各向异性,并且存在能隙节点,这显然不是常规超导体各向同性的 s 波对称性的特点。

铜氧化物中另一个与常规超导体不同的就是赝能隙。赝能隙存在于欠掺杂超导体的正常态中,是正常相电子元激发谱的能隙。它与超导能隙有很多相似之处,二者有着相同的对称性。但赝能隙不是序参量,其出现不伴随相变。赝能隙产生的物理起源目前尚不清楚,有科学家认为赝能隙是一种电子已经配对但长程相位相干还没形成的库珀对的能隙,但这种观点还需要实验上的佐证以及理论上的定量描述。

此外,铜氧化物中还有许多其他现象没有得到统一和完整的解释,比如电荷密度波(CDW)、电荷-自旋分离、电子的条纹相等。科学家们在研究铜氧化物的过程中,也在不断改进实验探测技术,不断提出新的理论模型,为之后铁基超导体的研究打下了重要的基础。1988 年,西格里斯特等合成了一种新的钙钛矿型材料 $(Ca_{0.86}Sr_{0.14})CuO_2$,它仅由铜氧面和(Ca,Sr)层沿 c

轴方向交替排列形成,被称为无限层,其结构是已知高温超导体中最简单的,因此又被称为是高温超导体的母相。随后,竹野等运用高温高压方法合成了很宽范围的无限层材料。1991 年,史密斯等以 Nd^{3+} 部分替代 Sr^{2+} 合成了无限层 $(Sr_{1-y}Nd_y)CuO_2$,并获得了 40 K 的超导电性,这是一种电子型的超导体。在随后的几年中,多数稀土元素都被掺进无限层,并成功地得到了电子型超导体。1992 年,阿祖玛等发现 110 K 的超导电性,认为这是由阳离子空位引入的空穴所造成的 P 型无限层超导体,随后又有一些关于 P 型无限层的报道。但由于这些 P 型超导体中缺陷层的出现,引起了对这一体系中的超导相是否为无限层相的怀疑以及对其缺陷层结构的进一步研究。

随后,阿达奇等通过高温高压实验手段发现了一种新的长周期结构,这种结构仅由双层岩盐层和无限层构成,并且在这一体系中观察到了 100 K 左右的超导电性。

1993 年,中国科学院物理研究所在对 Ba-Ca-Cu-O 体系进行研究时,靳常青教授发现了一类新的超导体,其电荷库层为缺氧钙钛矿,这一系列都是在高氧压下合成的,其典型合成压力约为 5 GPa,温度约为 1 000 ℃,不同相的超导转变温度分别约为 72 K、117 K 和 95 K。这类铜系超导材料是第一种不含稀土、无毒、临界温度又很高的超导体系。在对铜系的进一步研究中,又发现了新的 (Cu,C) 系超导体,它们的合成条件与铜系基本相同,但其电荷库层由 Cu^{2+} 和 C^{4+} 沿 a 轴方向交替占据,形成 $2a$ 的超结构,其中碳离子和 3 个氧离子形成四面体配位,保持其碳酸根构型。随后的研究结果发现,不仅是碳酸根,其他酸根集团如硫酸根、硼酸根、磷酸根等都可以进入铜系形成超导体,这一系列被称为氧阴离子集团或酸根集团系列。通过高压手段,这一系列的工作均获得了 100 K 左右的超导转变温度,大大扩展了酸根系列的研究范围。

1991 年,希罗等在 6 GPa、1 000~1 300 ℃ 条件下合成了一系列化合物,这些化合物属于正交晶系,由共顶点连接的铜氧四边形和共边连接的铜氧四边形交替排列构成,晶面被分成了分立的自旋"梯子"。自旋梯子材料被认为是从一维铜氧链到二维铜氧面的过渡材料。理论计算预言,偶数条腿的梯子有自旋能隙,奇数条腿的没有自旋能隙。这一预言被实验所证实,据此,达戈托和赖斯推断,掺杂到偶数条腿的梯子上的空穴将会配对,从而可能出现超导电性。随后,广井和高野成功地实现了掺杂,他们在 6 GPa、900 ℃的高温高压下制备的$(La_{1-x}Sr_x)CuO_{2.5}$样品的电阻率呈现出了绝缘→金属的转变,但没有出现超导的迹象。

　　铜基超导体被发现的 30 多年来,人们陆续发现了不同的超导体系和丰富的新超导材料,并在理论和实验上进行了大量的研究。铜氧化物高温超导体在结构上属于钙钛矿衍生结构,它的基本结构由CuO_2平面导电层和载流子库层组成,具有层状结构。其中,载流子库层通常包括岩盐结构(Hg系、Bi 系等)、萤石结构$[(Nd,C)_2CuO_4$等]、钙钛矿结构(Y 系、Cu 系等)等,电荷库层通常为绝缘层,费米面附近的性质主要由CuO_2平面的电子态决定。库层一般包括CuO_2平面的直接外延层(一般为稀土氧或碱土氧层)以及外围的其他重金属如 Pb、Hg、Bi 等构成的层。在多层CuO_2平面超导体中,每个晶胞中的CuO_2平面可以有多层,一般具有三层或四层CuO_2面时超导转变温度最高。对于铜氧化物,其中心配位阳离子 Cu 与周围的 O 配体可以形成不同的配位结构,如完整的六配位CuO_6八面体、五配位CuO_5金字塔、四配位的CuO_4无限层结构等。铜基高温超导体的导电层通常由这三种配位结构组成。

　　尽管铜氧化物高温超导体有许多个材料体系,如 La 系、Y 系、Bi 系、Ti系、Hg 系、Cu 系以及无限层超导体、电子型超导体等,但大多数的铜基超导体为空穴型超导体。随着空穴浓度的增加,铜氧化物高温超导体呈现出非常复杂的相图,呈现出反铁磁有序、自旋密度波、电荷密度波、赝能隙、超导、奇异金属、对密度波以及欠掺杂区分立的费米弧等丰富而复杂的物理现象。一般认为,铜基超导体的母体为反铁磁电荷转移莫特绝缘体,随着空穴的注入,反铁磁有序被抑制,在空穴浓度达到p_{min}后开始出现超导并随着载流子浓度增大,T_c逐渐升高。在整个相图中,超导态呈现出一个圆顶状的区域。在过掺杂区T_c被迅速抑制,直至不再超导。一般认为,过掺杂区铜基超导体的正常态将由奇异金属过渡到正常的费米液体行为,而现在越来越多的研究表明,即便在过掺杂区也不是简单的费米液体。

除了超导态之外,铜基超导体中另一个引发大量研究兴趣的区域是赝能隙态。赝能隙态在超导态之上,赝能隙的起源目前主要有两种解释:一种说法认为赝能隙代表库珀对的预配对,在赝能隙处库珀对已经配对但未形成位相相干,当温度降低到 T_c 时才发生位相相干而出现超导;另一种说法认为赝能隙来源于与超导态竞争的另一个有序态。关于赝能隙的来源还有一些其他的解释,如清华大学薛其坤团队通过扫描隧道谱(STS)得到的结果表明 Bi-2201 样品中赝能隙很可能来自库层的 Bi-O 和 Sr-O 层。关于赝能隙起源的解释仍需要更成熟的微观理论的建立。

自铜氧化物高温超导体被发现以来,其超导序参量的对称性便引发人们的关注。穿透深度、热导率、角分辨光电子能谱等许多实验表明,铜氧化物超导体具有 d 波配对对称性。与常规的 s 波各向同性超导体不同,d 波超导体具有能隙节点。虽然铜基超导体的 d 波对称性被广泛接受,但是目前也有许多实验给出了与 d 波对称性不一致的结果,特别是纯粹的 d 波序参量并不能满足许多铜氧化物材料中正交畸变的结构要求。转角上临界磁场以及非弹性中子散射等许多实验都表明可能存在 s+d 耦合序参量。参照铁基超导中复杂的对称性情况,铜氧化物高温超导体中超导能隙的对称性情况可能还需要进一步的研究。

尽管自铜氧化物高温超导体发现以来,30 多年间物理学家们为理解其微观机制都做了大量的努力,提出了许多模型,但是到目前为止仍然未能得到理想的结果。铜基超导体被发现不久,安德森就提出了"共振价键"(RVB)理论,指出了铜基高温超导中不同于电声子相互作用的配对来源。之后,实验证明铜氧化物高温超导的母体为电荷转移莫特绝缘体,由于强的 Cu-O 杂化,掺杂之后的空穴主要位于 O 的 $2p_x$ 或 $2p_y$ 轨道上,张富春和赖斯提出了著名的 Zhang-Rice 单态(ZRS)理论。现在一般认为,铜基超导体中的超导电性与反铁磁背底上的自旋涨落密切相关,可由反铁磁背景的单带模型来描述。但被广泛接受的成熟微观理论仍然还未被建立起来。

中国科学院大学研究人员常压下合成了正交 $Ba_2CuO_{3+\delta}$ 样品前驱体，并对它的高压下结构稳定性进行了研究[3]。高压同步辐射 XRD 实验表明，该材料在 34 GPa 范围内没有结构相变，在压力下其晶格呈现各向同性压缩，拟合得到的体弹模量为 (93.3 ± 1.4) GPa。在高温高压的条件下成功合成了具有压缩 CuO_6 八面体的新型 $Ba_2CuO_{3+\delta}$ 超导体，并通过 X 射线衍射、中子、比热、X 射线吸收谱等手段对它的结构和超导电性进行了表征。与常见的铜氧化物高温超导体完全不同，它具有独特的结构特征：压缩的八面体、空穴型铜氧化物中最大的面内 Cu—O 键长和最短的顶角氧 Cu—O 键长，以及严重过掺杂却仍然具有超过 70 K 的 T_c 等一系列特征。严重的过掺杂使得 $Ba_2CuO_{3+\delta}$ 与重电子掺杂的镍氧化物有些相似。压缩的 CuO_6 八面体将使得 $Ba_2CuO_{3+\delta}$ 具有更多的三维特征，进一步的空穴极化情况以及微结构表征需要生长出单晶，目前相关的工作正在进行中。无论如何，新颖的 $Ba_2CuO_{3+\delta}$ 超导体中一系列独特的结构特征以及其背后的超导机制将对传统的铜氧化物高温超导提出新的视角和挑战。

随后，中国科学院大学研究人员在高温高压的条件下制备和发现了同时具有 CuO_2 平面和 Cu_2Se_2 层的新型层状铜氧化物材料 $Ba_2CuO_2Cu_2Se_2$，这为运用高压的独特技术手段进一步实现在同一个材料中同时拥有 CuO_2 平面和 Fe_2As_2 层结构开拓了思路。$Ba_2CuO_2Cu_2Se_2$ 呈现出半导体导电行为，在室温下电阻非常小。在磁化率和中子衍射中都没有发现磁转变现象，这可能与它过大的 Cu—O 键长有关。第一性原理计算表明价带顶附近的态密度主要来源于 Se 的 4p 电子。对样品实现了掺杂，但没有实现超导。同时，研究了 $Ba_2CuO_2Cu_2Se_2$ 的压力效应，通过高压电学实验发现材料在高压下电阻由半导体逐渐转变为金属行为，并在 49 GPa 左右出现了 T_c 约为 5.8 K 的疑似超导转变。随着压力增大到 55 GPa，T_c 进一步增大到 6.0 K 左右。高压拉曼实验发现，在 24.3 GPa 左右有两个新的振动模式出现。对该相变是否来自 CuO_2 平面仍需进一步研究。

类似的，其课题组在高温高压的条件下制备和发现了新型层状铜氧化物化合物 $Ba_2CuO_2Ag_2Se_2$，它与 $Ba_2CuO_2Cu_2Se_2$ 具有相同的晶体结构。

$Ba_2CuO_2Ag_2Se_2$包含 CuO_2 平面和 Ag_2Se_2 层,与 $Ba_2CuO_2Cu_2Se_2$ 相比 Cu—O 键长进一步增大到 2 012 622(2) Å。X 射线吸收谱实验表明,相比于 $Ba_2CuO_2Cu_2Se_2$,$Ba_2CuO_2Ag_2Se_2$ 中 CuO_2 面内的 Cu 价态降低。磁化率的测量结表明,$Ba_2CuO_2Ag_2Se_2$ 在 20 K 左右出现了反铁磁转变。电阻测试表明,$Ba_2CuO_2Ag_2Se_2$ 为金属导电性。

5.2　过渡金属超导材料

由过渡金属和轻元素组成的化合物具有优异的力学性质,良好的导电性、催化特性、超导性质和磁学性质以及较好的热稳定性和化学稳定性。由于过渡金属具有很高的价电子浓度,因此其体弹模量很高,然而过渡金属中金属键方向性较弱,其剪切模量通常较低,这使得过渡金属单质的硬度相比于金刚石等超硬材料有很大差距。轻元素原子如 B、C、N 可以形成方向性极强的共价键,能提高材料中成键的方向性,进而提高材料的剪切模量和硬度,因此在过渡金属中引入轻元素可以得到具有较强抗压缩能力与抗剪切能力的化合物。由于过渡金属化合物中成键有共价键特性,所以其化学键的强度及键能较大,硬度一般高于过渡金属单质,同时其耐热性也较强。从微观角度讲,过渡金属化合物的内部成键方式复杂,包括共价键、离子键及金属键,并且其价电子数目较多,电子排布形式复杂,因此该类材料是寻找具有超硬、超导、磁性、耐高温及催化等特性的多功能材料的"富矿"。

过渡金属碳化物具备很多优异性质,如三元过渡金属碳化物 Ta_4HfC_5 是熔点最高的物质,另外过渡金属碳化物同时还具有高硬度(一般在 10 GPa 以上)以及优良的电导率、热导率、催化性质、耐腐蚀性、热稳定性及化学稳定性等优点,被广泛地应用于各种耐高温、耐腐蚀和耐摩擦的机械工程领域。在石油工程、降解毒害物质和燃料电池中,过渡金属碳化物具有可与贵金属相比拟的催化活性和选择性。

相比于二元过渡金属轻元素化合物,三元过渡金属轻元素化合物的性质更加优异。例如,WB_3 的维氏硬度不到 30 GPa,若将一部分 W 替换为 Mo,可以将维氏硬度提高到 30 GPa 以上,由于不同的价电子浓度、不同的原子半径及复杂的电子杂化形式对成键特性的影响,三元过渡金属轻元素化合物具备很多新的优良性质,成为材料学科研究中的热点问题。合成微观结构上高致密度的过渡金属轻元素化合物是该类材料研究中的核心问题。由于过渡金属化合物的扩散激活能较高,而使得烧结高致密度的过渡金属化合物较为困难。传统的制备方法制备过渡金属化合物需要较长的烧结时间和较高的烧结温度,通常还需要加入黏结剂,因此选择合适的合成方法对于合成高致密度的硬质多功能过渡金属化合物是至关重要的。

近期,吉林大学研究人员通过高温高压合成方法在压强 5.0 GPa、温度 2 000 K、保温时间 60 min 条件下成功制备出高致密度的 $MoWC_2$ 块体材料[4]。对材料进行 XRD 分析,发现射线衍射峰尖锐,说明合成的样品具有良好的结晶性,同时 XRD 结果与粉末衍射标准联合委员会(JCPDS)的 65-8770 卡片符合得非常好,说明不存在其他物质的杂峰。结构拟合结果表明,合成的样品的晶体结构为六角结构,并且 $MoWC_2$ 由金属原子层和碳原子层相间排列而成,晶体结构中只存在过渡金属钼原子、钨原子与碳原子之间形成的化学键,碳原子与碳原子之间没有形成化学键。其结果证明了高温高压合成技术是合成低扩散系数过渡金属碳化物的有效手段,与常压方法合成相比,高温高压合成法合成过渡金属碳化物具有反应快、样品致密度高、杂质少、不需要其他黏结剂、直接合成块材、合成产量高、原料简单等多种优点。此外,研究人员还利用 SEM、TEM 与密度仪测量了高温高压条件下烧结样品的致密度。$MoWC_2$ 晶体生长状态良好、晶粒规则,利用高温高压技术合成的样品晶体为微米级,样品当中几乎不存在气孔与裂纹,说明样品具有较高的致密度,经过多次打磨,没有晶粒脱离,说明晶粒之间结合紧密,可以基于此研究制备更高强度、更耐磨的碳化物硬质材料。电子衍射斑排列呈现出空间点阵的特点,证明采用高温高压方法合成的样品内部结晶性良好。从 $MoWC_2$ 晶体的高分辨图像还可以看出，制取的样品晶体内部没有位错、原子缺失等缺陷，再次证明了合成的样品具有良好的结晶性。

综合以上致密性与结晶性的测试结果可以发现，其合成的样品具有较高的质量，适合进行硬度与导电性的研究。

硬度是检验过渡金属化合物力学性质的标准之一，维氏硬度是国内外科技工作者普遍应用的一种硬度测试标准。在硬度测试过程中，在相同载荷下需要至少进行 5 次压痕测试，数据取平均值，以最大限度减少样品内晶界及气孔等其他因素对维氏硬度测量结果的影响。通过硬度测试，得知 $MoWC_2$ 的收敛硬度值为 15.3 GPa，比 MoC 的 12.1 GPa 提高了近 26.5%。由微观形貌分析结果可知，合成的 $MoWC_2$ 样品的晶粒尺寸为微米级，材料中不存在晶格失配等微观结构，因此不需要考虑非本征因素及纳米霍尔佩奇效应对样品硬度的影响。W 原子与 Mo 原子的原子半径相似，由于 La 系收缩效应，W 原子作为 5d 区过渡金属，其 d 轨道相对扩张，与 C 原子杂化时，W—C 键较 Mo—C 键强；另一方面，$MoWC_2$ 与 MoC 结构相似，因此与 MoC 相比，$MoWC_2$ 具有更强的电子轨道杂化，其力学性质比 MoC 更加优异，证明了电子杂化增强导致硬度增强的推断。虽然 $MoWC_2$ 具有很高的体弹模量，但是由于 $MoWC_2$ 具有较强的金属性，导致其剪切模量较低，因此，$MoWC_2$ 只达到硬质材料的标准，没有达到超硬材料 40 GPa 的标准，是一种新型的硬质过渡金属轻元素化合物材料。

随后，其课题组对 $MoWC_2$ 进行了热重-差热分析。硬质材料作为切割、磨削工具使用时，由于摩擦而会产生大量的热量，引起温度升高，如果材料不具备较高的氧化温度，则容易发生氧化，因此硬质材料需要有较高的抗氧化温度。采用热重-差热分析测试法进一步表征合成的 $MoWC_2$ 多晶材料的氧化温度，发现 $MoWC_2$ 具有键强较强的 s-p-d 杂化的 Mo—C 键和 W—C 键，可以推测 $MoWC_2$ 具备优良的耐热性能，可见 $MoWC_2$ 是一种耐高温、耐氧化的硬质材料。通过迈斯纳效应测试，对制备出的 $MoWC_2$ 晶体进行了超导电性测试。由于铁基、铜基超导材料和各种氧化物超导体的硬度较低、质地较脆，因此它们通常不易加工、使用寿命较短，使超导材料的大规模应用受到了限制，急需寻找易加工并具有超导性与高硬度的材料。日本科学家发现掺硼金刚石具备超导性质，开启了硬质超导研究的序幕。但是掺硼金刚石中硼元素含量难以超过 5%，载流子浓度较低，因而其超导转变温度较低，难以进行大规模应用。过渡金属轻元素化合物费米面处态密度和德拜温度较高，符合高硬度超导材料的基本判据，因此被看作是一种潜在的高温高硬度超导材料，具有非常广泛的应用前景。由于过渡金属轻元素化合物通常具有丰富的最外层电子排布，过渡金属轻元素化合物常常会表现出各种优异的物理化学性质，如超导电性。迈斯纳效应测试结果显示，当温度为 6.8 K 时，$MoWC_2$ 的磁化率突变为负值，即样品表现出抗磁性，由此可以确定 6.8 K 以下样品进入超导态，说明 $MoWC_2$ 是一种具有超导电性的过渡金属轻元素化合物。与之相比，ZrB_{12} 的超导转变温度为 6.4 K，WB 的超导转变温度为 4.3 K，WC 的超导转变温度为 1.28 K，$MoWC_2$ 的超导转变温度比三者都高，是过渡金属硼、碳、氮化合物中超导转变温度相对较高的一种物质。$MoWC_2$ 样品电阻率的测试结果为 2.34×10^{-8} Ω·m，较低的电阻率也说明 $MoWC_2$ 费米面处态密度较高，因此可以推断 $MoWC_2$ 的超导转变温度较高。

综上所述，$MoWC_2$ 同时具有较高的硬度值与较高的超导转变温度，有利于扩大超导材料在极端条件下的应用。

氢化物在氢存储、功能材料、热存储、太阳能产业等方面扮演了重要的角色，对于新型氢化物的探索一直以来都是一个重要的研究领域。一段时间以来，硫化氢引起了众多科学家的关注。理论上预言了硫化氢在高压下有 80 K 的超导电性，而在理论预言不久之后，科学家们就在实验上发现硫化氢系统在 155 GPa 下有高达 203 K 的超导电性，这打破了铜氧化物高压下 164 K 的超导转变温度纪录，迅速引起了科研工作者的注意。理论和实验上都有证据表明，这么高转变温度的超导电性很可能是来源于 H_2S 在高压下分解生成的 H_3S。除了 H_2S 之外，金属钯的氢化物也很有意思，金属钯能够吸收大量的氢，并且在低温下 PdH_x 中当 $x > 0.7$ 时会变成超导体。随着氢含量的增加，其超导转变温度也会增加，且最高将近 10 K。用氢的同位素氘来替换氢时,其 T_c 最高将近 12 K。这表明 PdH_x 系统中存在着很强的反同位素效应。PdH_x 中的掺杂效应也很有意思,通过在一半的 Pd 位掺杂铜,其 T_c 可以升到 17 K。但 PdH_x 相关比热测量表明,其体系属于 BCS 常规超导体体系。在氢化物中,LiPdH 体系也有很丰富的物理现象,其属于正方晶系,由 PdH 面之间键入锂原子构成。这些 PdH 面结构跟 LnO-BiS_2 中的 BiS 层很像,这里 Ln 是指稀土元素 La、Ce、Nd 等。此外,这些 PdH 面总让人会联想到铜氧化物里面的铜氧面。电子结构的理论计算表明,LiPdH 非常有可能是一个新的超导体,这在当时也迅速引起了科学家们的注意。但实验上发现,常压下降到 4 K 时依然没有出现超导电性,其在高压下的输运行为依然未知。

为了找出 $LiPdH_x$ 不超导的原因,南京大学研究人员比较了其实验数据和前人的计算结果[5]。理论上,辛格等通过局域密度近似的方法计算了原子计量比为 1∶1∶1 的 LiPdH 电子结构。之后,他们进一步使用刚性 Muffin-Tin 近似来计算麦克米兰-霍普菲尔德系数,发现这些系数跟超导体 PdH 的系数很接近。因此,辛格等预言 LiPdH 可能是一个好的超导体。如果费米面处的态密度过小,超导能隙也会被极大压制,这可能是 LiPdH 材料没有被探测到超导相的一个原因。理论上计算得出的 λ 值也不算太小,但其是基于弱耦合模型的,在真实的 $LiPdH_x$ 材料中未必适用。真实的 λ 值可能已经由于氢的空位而被强烈压制。实验上测得的 γ 值偏小,这可能是由于真实的电声子耦合常数 λ 比较小所导致。此外,由于 $LiPdH_x$ 材料中氢很容易逃逸,因此 PdH 面上很容易存在氢的空位。准粒子与这些空位造成的杂质散射强度过强时,也很容易造成 $LiPdH_x$ 的超导缺失。如果该理论正确的话,那么在氢气氛下合成 $LiPdH_x$ 会使得更多的氢充入这些空位,这也许是很有效的一种手段。此外,在 $LiPdH_x$ 中掺杂进电子,比如在 Pd 位掺 Cu,也许也是一种调节的手段。实验上 $LiPdH_x$ 中超导的缺失与理论上的预言对比鲜明,同时也与 PdH_x 材料中很容易出现超导的行为不一致。这一问题的解决还需要进一步的努力。总之,使用高压合成的手段成功地合成了 $LiPdH_x$,其在温度降至 2 K 以及压力升到 25.2 GPa 的条件下都没有出现超导。比热的测量结果显示,样品的索末菲常数略小于前人计算的结果,这表明 $LiPdH_x$ 体系中有着更小的电声子耦合常数。

此外,高熵合金(HEA)是一类新型的材料,由多种等摩尔比或近似摩尔比的过渡金属元素组成,具有简单的晶格结构,但是不同的原子随机分布在晶格点阵上。许多 HEA 被发现在无序固溶体相中具有体心立方、六角密堆积和面心立方的晶体结构。HEA 在许多方面显示出新颖的特性,包括低温下超高的断裂韧性、优异的比强度和高温下优异的机械性能。除了这些优良的机械性能之外,许多 HEA 还表现出有趣的电学性质,如 $(TaNb)_{1-x}(HfZri)_x$ 就显示出超导电性。这些物性都使 HEA 具有巨大的应用潜力。因此,寻找 HEA 超导体在压力下的新现象引起了人们极大的兴趣。

中国科学院大学研究人员通过对 HEA 超导体 $(TaNb)_{0.67}(HfZrTi)_{0.33}$ 进行高压下的电阻、磁阻、XRD 实验测量发现,它具有异常稳定的零电阻行为,同时其晶体结构也非常稳定。超导电性的稳定性可以从常压持续到地球外壳层的压力,使得它具有在极端条件下应用的潜力。然而,它的体积压缩率却很高,在 100 GPa 时体积收缩了 28%。这种大的体积收缩但超导转变温度却又如此稳定对已知的超导理论提出了新的课题。

此外,另一种重要的过渡金属超导材料拓扑半金属材料 ZrGeSe 在零磁场下,在高温区域(5~300 K)内随温度降低电阻率单调减小,在低温区域(1.5~50 K)趋于平坦。随着磁场大小的增加,在降温过程中其电阻率在一定温度下出现了回升,即样品材料出现了金属-绝缘体交叉现象。但是对于 ZrGeSe 的导电性能,目前人们的认识非常有限。压强对其导电机制的调节作用都还未知,至今也未见这方面科研工作的报道。至于在高压强下 ZrGeSe 是否超导,是否会发生电性或磁性的相变,高压强是否会破坏其作为拓扑半金属所具有的时间反演对称性和空间反演对称性等,这些跟导电性能有关的重要前沿基础物理学问题都是未知的。

扬州大学研究人员对给 ZrGeSe 施加高压强的实验过程特别是金刚石对顶压砧的操作使用做出了系统性的阐述[6]。实验选取了 300 μm 砧面的金刚石对顶压砧。切割后使用实验样品的尺寸为 $60~\mu m \times 60~\mu m$，厚度为 $30~\mu m$。电阻的测量使用的是标准的四端法，得到了不同高压强下的电阻-温度曲线，以及在固定高压强下不同磁场时的电阻-温度变化关系。对获得的这些数据进行了详细的分析，采用了理论模型进行了模拟。通过分析和模拟，观察到：① 高压强下，ZrGeSe 的电阻明显减小，即高压强下 ZrGeSe 导电性能显著增强。② 高压强下，随着压强的增加，理论模型中反映材料导电散射机制的参数 n 值由 3.0 逐渐降为 1.7。这一结果表明，高压强有效影响了 ZrGeSe 导电的散射机制，即在高压强环境下 ZrGeSe 能带间电子-声子散射受到抑制，同时电子-电子散射间散射得到加强。与此同时，高压强下杂质与缺陷引起的散射效应也得到有效抑制。③ 在高压强下 ZrGeSe 没有出现超导或有序现象及结构的相变等现象，即高压强下 ZrGeSe 没有各种能隙的出现。这说明，ZrGeSe 的能带结构在高压强下呈现良好的稳定性，而高压强则进一步巩固了这种能带结构的稳定性。这也意味着，ZrGeSe 的能带结构中导带和价带在高压强下可能会出现更多重叠和拓展。④ 在高压强固定情况下，外加磁场时 ZrGeSe 在整个温区（1.5～300 K）也没有出现电阻回升的现象，即外加磁场时的金属-绝缘体交叉现象完全被高压强所抑制。这也进一步揭示了在高压强下 ZrGeSe 的能带结构具有良好的稳定性，同时说明在高压强下外加磁场的影响是有限的。因此，高压强作为一种重要的基础环境参数，是调节材料物性的一种重要调控手段。从以上工作中可以看出，高压强能有效调节 ZrGeSe 的导电性能和导电的散射机制、增强 ZrGeSe 能带结构的稳定性，从而促进了人们对 ZrGeSe 导电性能的认识。

随后，扬州大学研究人员对节线半金属材料 ZrGeSe 进行了核磁共振研究。核磁共振研究非常重要，因为人们对于外加磁场时该材料出现金属-绝缘体交叉的物理机制主要有两种解释：一种是磁致能隙，需要电子系统从外加磁场中吸收到足够的能量；另一种是科勒规则，涉及电子的轨道运动。人们希望了解哪种解释是正确的，或者获得其他更为合理的解释。核磁共振实验能够提供原子尺度上关于材料结构及各种相变的直接证据，可以对电子的自旋、轨道和电荷的运动进行动态的观察和测量。通过测量[77]Se 核的核磁共振光谱和奈特频移,发现在金属-绝缘体交叉温度附近,光谱并没有分裂,但是谱线却明显变宽。这一事实表明 ^{77}Se 周围电子自旋分布发生了显著的变化,变得更加不均匀或者显著增加。同时,奈特频移随温度的降低而减小,这一结论无论外加磁场沿哪个方向都成立,并在金属-绝缘体交叉温度附近出现扭折,这反映了电子的自旋有效磁矩出现了扭折,也就是电子自旋排列有序状态的变化,这与谱线明显变宽的现象都是完全一致的。这些数据表明,由磁场导致的自旋排列的有序变化,是导致拓扑节线半金属 ZrGeSe 在强磁场条件下出现金属-绝缘体交叉现象的原因。

另一方面,扬州大学研究人员也对 ^{77}Se 核自旋晶格弛豫时间 T_1 进行了测量,发现在金属-绝缘体交叉温度以上,节线半金属材料 ZrGeSe 虽然具有良好的导电性,但存在一定的电子自旋反铁磁相关和自旋涨落,并且在金属-绝缘体交叉温度时,温度的降低反而明显减少,即电子自旋的磁化率在金属-绝缘体交叉温度时发生了明显的降低,从而进一步揭示了金属-绝缘体交叉温度时电子自旋排列发生了有序的变化,有自旋能隙的出现。因此,核磁共振实验数据表明,拓扑节线半金属材料 ZrGeSe 在外磁场中所出现的金属-绝缘体交叉现象,从原子尺度上观察,与材料内电子出现的由磁场导致的自旋排列的有序变化有关。即由磁场导致的自旋排列的有序变化,是导致拓扑节线半金属 ZrGeSe 在强磁场条件下出现金属-绝缘体交叉现象的原因。这种由磁场导致的自旋排列的有序,符合物理学上的条纹有序现象。

相类似,中国科学技术大学研究人员研究了高压下 ZrSiSe 单晶的电输运性质、拉曼光谱、高压同步辐射 X 射线衍射,并结合第一性原理计算分析了 ZrSiSe 的高压相变规律[7]。根据 X 射线衍射图谱,发现 ZrSiSe 的对称结构始终保持稳定直至 40 GPa,而在 11 GPa 左右,c/a 出现极小值,这是由于压力下原子占位改变导致 Se-Zr-Se 键角出现极大值所致。因此,我们认为 ZrSiSe 在 11 GPa 经历了一次同构相变,从而导致拉曼模式和电阻在此压力区间发生了一系列不连续变化。另一方面,由于载流子迁移率和各向异性因子的不连续变化,认为 ZrSiSe 在 3.6 GPa 和 6.8 GPa 分别经历了两次电子拓扑相变,即费米面的形状发生拓扑变化。在能带结构上,压力可以有效地

调控 $M \to \Gamma$ 路径以及接近 Γ 高对称点的电子与空穴口袋相对于费米能级的移动,导致费米面形状发生明显变化并进一步引入电子拓扑相变。这项工作为理解 ZrSiSe 开辟了一条新途径,并推动了对 WHM 家族新型电子态的进一步探索。

随后,中国科学院研究人员在新型准一维非中心对称超导材料 $A_2Cr_3As_3$(A 为 K、Rb)中发现压力可有效地调控该超导体非中心对称的程度;发现超导转变温度与样品的非中心对称程度具有相同的变化规律,即非中心对称程度越高,超导转变温度越高[8]。在 $A_2Cr_3As_3$ 超导体中,α 角是一个重要的结构参量。对于指定的 $K_2Cr_3As_3$ 或者 $Rb_2Cr_3As_3$ 而言,较大的 α-β 值对超导更有益处,而对二者进行对比发现,除了 α-β 值,链间距 L_{CrAs} 也起到了重要作用,较小的 L_{CrAs} 值对获得高 T_c 更有利。由此可知,其非中心对称度与链间距的联合作用是决定该准一维超导体超导电性的关键。同时,研究人员也对 $K_2Cr_3As_3$ 电子密度分布随压力的变化情况进行了研究,发现在 $K_2Cr_3As_3$ 中 ΔEDD($EDD_{Cr1} - EDD_{Cr2}$)和 T_c 随压力呈现相同的变化趋势,表明由非中心对称晶体结构所导致的不均匀的电子密度分布是其超导电性得以建立的内在因素。此外,其对 KCr_3As_3 多晶材料进行了高压研究,该材料高压输运的实验结果表明,在压力的作用下,其半导体输运行为以及自旋团簇的形成温度逐渐被抑制。根据对电阻曲线进行拟合得到的能隙-压力相图,推测样品能隙将在 31 GPa 左右完全闭合,进而出现金属化转变。研究人员又对三维狄拉克半金属 Cd_3As_2 进行了系统的高压研究[9]。研究表明,在压力为 2.57 GPa 附近产生了一个由压力引起的四方到单斜的结构相变。不论是四方相还是单斜相,它们在 4~300 K 温度区间内均能稳定存在。高压电阻测量发现,Cd_3As_2 在 2.45~3.99 GPa 之间电阻行为由金属行为变为半导体行为,即出现能隙。能隙的出现直接证明了 Cd_3As_2 的三维狄拉克半金属态已经被压力所破坏。原位高压霍尔电阻实验表明,在结构相变前后其霍尔电阻下降了约 66%;载流子迁移率在其结构相变前后也发生了明显下降,当压力为 3 GPa 时迁移率下降了 74%,当压力为 4 GPa 时迁移率下降了 99%。不同的实验结果均表明压力破坏了 Cd_3As_2 的三维狄拉克半金属态。但遗憾的是，当 Cd_3As_2 三维狄拉克半金属态被破坏以后，由金属变为半导体，因此并没有观察到超导电性。

Na_3Bi 作为第一个被理论预测并被实验所证实的三维狄拉克半金属对于奇异电子态的研究具有重要意义。中国科学院大学课题组首次通过高压电阻、高压 X 射线衍射等方法对 Na_3Bi 进行了研究，发现了 Na_3Bi 晶体上残留的助溶剂在压力下的超导转变。对不同批次的样品进行了多轮重复实验，观察到了相同的实验现象。高压 X 射线衍射实验结果表明，Na_3Bi 在很低压力下就已经发生结构相变，由常压下的六角结构转变为立方结构与另一未知结构的混合相。虽然并未得到压致拓扑超导转变，但高压实验结果表明 Na_3Bi 在高压下具有不稳定性。此外，其课题组对具有大磁阻效应的 $PtBi_2$ 单晶进行了系统的高压研究。结果表明，压力对 $PtBi_2$ 的正磁阻效应具有明显的抑制作用。在其研究的压力范围内（最高压力为 37 GPa），其正磁阻效应没有被完全抑制。高压霍尔电阻随磁场的依赖关系表明，$PtBi_2$ 的电子结构对压力非常敏感。在所研究的压力和温度范围内没有观察到超导转变的迹象。可能需要更高的压力将其正磁阻效应完全抑制后才能看到超导转变。

中国科学院大学的研究人员系统地研究了 TiO 外延薄膜在静水压力下的电输运性质[10]。在不同磁场（0～9 T）和压力（0～2.13 GPa）下测量从 1.9 K 到300 K 的电阻率-温度依赖性，得到如下结果：① TiO 薄膜的超导转变温度随着压力的增加而单调下降，而正常状态电阻率及其异常温度增加。② 半定量分析表明，T_c 值的减小比麦克米兰的理论预期快得多。通过分析正态输运性质变化发现 P-T 行为符合可变程跃迁机制，TiO 薄膜中的载流子局域化在压力下显著增强。高压下的载流子局域化被认为是 T_c 变化的主要原因。③ 压力对 TiO 超导薄膜的磁通运动的热激活能有抑制作用。

同时，其课题组在 SiO_2/Si 片上转移了用化学气相沉积法生长的超导二维 MO_2C 晶体，利用扫描透射电子显微镜研究了样品的结构，并利用电子束曝光技术在样品上制备微纳电极研究了其电输运性质，发现：① 生长的二维 MO_2C 主要有四边形（包括截角四边形）和六边形两种形状。透射电镜实验发现四边形样品为正交结构,六边形样品为六方结构。② β-MO_2C 的 T_c 高于 α-MO_2C。其测得的 α-MO_2C 的最高 T_c 约为 3.5 K,与先前报道的最高的 α-MO_2C 超导转变温度相同,β-MO_2C 的 T_c 为 5.2 K。③ 对于 α-MO_2C 样品,剩余电阻比越大则超导 T_c 越高,这是由于剩余电阻比越大代表杂质散射越少,样品质量越好。而对于 β-MO_2C,剩余电阻比远小于 α-MO_2C 的剩余电阻比,而且剩余电阻比越低的样品 T_c 越高,这是因为 α-MO_2C 与 β-MO_2C 的主要区别在于 α-MO_2C 中碳原子为有序占位,β-MO_2C 中碳原子为无序占位,无序的碳原子增加了电子散射。④ β-MO_2C 的上临界场远大于 α-MO_2C 的上临界场。

此外,中国科学院大学研究人员还对转移在 SiO_2/Si 上的 α-MO_2C 和 β-MO_2C 进行了压力研究,将样品转移在了云母片上,并将云母片解理至 20 μm 以下,装入金刚石对顶砧(DAC)中进行压力下的电输运测量,发现:① β-MO_2C 的 T_c 被压力线性压制,临界磁场呈现相同的变化趋势。β-MO_2C 的 T_c 逐渐降低的原因与许多传统 BCS 超导体一样,来源于压力导致的晶格收缩引起的声子平均振动频率的增强及电声子耦合的减弱。② α-MO_2C 的超导电性随压力则呈现出奇特的穹顶状压力-超导转变温度相图。这两种 MO_2C 相的超导电性在压力下不同的变化行为表明了其电子性质受压力影响的巨大差异,以及碳原子占位对 MO_2C 的超导电性具有重要影响。③ 采用 DAC 的实验发现,在 2.8 GPa 时电阻-温度曲线出现数个转变,磁场下的测量表明这些转变可能属于超导转变。其课题组生长了高质量的 $BaFe_2Se_3$ 单晶,并系统地研究了其结构、磁性、电输运性质、极化特性、介电和磁介电特性及其温度依赖性,发现:① 晶胞参数随温度的变化,表明在 10～300 K 的整个温度范围内 $BaFe_2Se_3$ 晶格持续热收缩,且在 125 K 附近有微弱的异常,这意味着 $BaFe_2Se_3$ 可能在 125 K 附近有微弱的结构变化。② 电输运的测量,表明电阻率随温度的变化可以用热激活输运机制在两个温度范围内拟合,但与理论计算相比具有较小的热激活能,这与 $BaFe_2Se_3$ 中非化学计量的缺陷有关。同时,还用可变程跃迁模型分析了其输运性质。③ 电极化的测量,表明 $BaFe_2Se_3$ 的铁电性很难通过传统电滞回线的测量来表征,主要由于其较低的电阻率、较窄的能隙、较小的极化强度,以及不可避免的缺陷。④ 介温特性的测量,表明 $BaFe_2Se_3$ 具有一些介电弛豫特性,通过热激活弛豫模型发现载流子的热激活显著影响着 $BaFe_2Se_3$ 的介电行为,考虑到当高于 100 K 时 $BaFe_2Se_3$ 的电阻率很低,弛豫行为可能与遵循阿伦尼乌斯定律的麦斯威尔-瓦格纳效应有关。⑤ 磁介电效应的研究。在低温下,介电特性几乎不受磁场的影响,然而在稍高温度如 70 K 时,$BaFe_2Se_3$ 的磁介电效应最大可达到约为 6%,认为大的磁介电效应可能来源于麦斯威尔-瓦格纳效应与磁阻效应的贡献。

此外,中国科学技术大学研究人员还对 LaSb 单晶进行了高压下变温电阻的测试[7]。发现 LaSb 在 10.8 GPa 时出现超导相变,其超导临界温度在 13.7 GPa 时达到最高的 5.3 K,随后线性降低直至其所研究的最大压力 35 GPa,因此得出 LaSb 典型的穹顶形超导温度-压力相图。结合以往报道的高压 X 射线衍射和第一性原理计算结果,发现超导转变压力点正好与 LaSb 从正交相到四方相结构相变点一致,因此认为 LaSb 中压致超导相为高压四方相,超导的出现是由于结构相变过程中费米能附近电子态密度的急剧增加所致。在低压时,还发现在 5.5 GPa 附近磁阻和电阻压力系数发生转折,这可能与拓扑相变有关。值得关注的是,以往的报道中发现其同构化合物 LaBi 的四方相会发生高压超导现象,这显然与观察到的 LaSb 高压行为不同。以往的报道表明,LaBi 具有常压拓扑相,而 LaSb 呈拓扑平凡相,因此,两者高压超导行为的不同似乎说明超导与拓扑之间存在着密不可分的联系,LaSb 同家族材料值得更深入系统的研究,尤其是高压电输运和高压新相的探索方面。

华南理工大学研究人员结合高压电阻率、高压同步辐射 X 衍射和高压拉曼的测量研究了 MoS_2 在高压下的电输运、结构和振动性质[11]。在高压下,初始相 2Hc 相通过一阶相变形成新的 2Ha 相,这个一阶相变涉及分子层与层之间的堆垛方式及键与键之间作用力的变化。随着压力的增大,晶格参数减小,材料经历了层的滑移,形成新的 2Ha 相,当相变完成时,在新的 2Ha 相中得到了金属态的 MoS_2。同时,结合多种高压测量技术和第一性原理的计算，重点研究了 $MoTe_2$ 在高压下结构、振动和电子性质。研究结果表明，在压力大约为 10.0 GPa 时，$MoTe_2$ 从半导体态转化为金属态。不像 MoS_2 在高压下经历了结构相变，高压 XRD 研究结果发现，$MoTe_2$ 在半导体到金属态的转变过程中没有发生结构相变。通过拟合高压拉曼峰的频率，发现在 10.0 GPa 左右拉曼峰频率的移动有不连续性，这是因为从半导体转变为金属态的过程中材料的压缩率产生了变化。由于层与层之间的作用力和 Te 原子与原子之间的作用力随着压力的增加逐渐增强，电阻率随着压力的增加逐渐减小、能隙逐渐闭合。特别的，$MoTe_2$ 在高压下的金属化压力小于其他过渡金属硫化物，且在经历半导体到金属化的转变过程中，$MoTe_2$ 的电输运性质具有很大的可调制性，包括电阻率有 10^{10} 倍的减小、载流子浓度有 10^5 倍的提高和迁移率有 10^3 倍的下降。这些研究扩展了石墨烯之外的其他层状材料性质的研究，表明 $MoTe_2$ 在未来的压力拉伸的光电器件应用方面非常有前途。另外一个研究人员比较关心的问题，像前面报道的 MoS_2 材料一样，$MoTe_2$ 在更高压力下也可能会实现超导电性。

同时，其课题组对高质量的 TaS_2 单晶进行了高压电输运、高压拉曼和高压结构测量，发现其超导电性逐渐增强，超导转变温度提高大约 8 K，同时，电荷密度波被压力逐渐压制，展现出了一种典型的竞争关系。当压力高于 7.0 GPa 时，电荷密度波消失，同时伴随着载流子特征从负变为正，这可能是由于费米面附近发生重构所致。载流子浓度随着压力的变化与超导转变温度随压力的变化相反，加上上临界磁场值远超过韦瑟默-赫尔劳德-霍恩伯格理论预测值，暗示了 TaS_2 可能不能用经典的 BCS 理论解释，隐含着其他的强关联耦合作用。高压拉曼测量结果显示，在研究的压力范围内没发现明显的相变，但在电荷密度波消失点，拉曼峰频率的移动有着明显的不连续性和随着压力变化移动速率发生改变。高压 XRD 结果表明，在所研究的压力区间内，没有结构相变发生。拟合出的晶胞参数 a/c 的比值与超导转变温度和电荷密度波转变温度之间存在着非常密切的关系，晶胞参数的比值越大、超导转变温度越高，电荷密度波的转变温度越低。

5.3　铁基超导材料

寻找常见的、含量丰富且极为典型的铁磁性材料,一直是磁性研究的重点。关于铁在高压下的相变和性质的研究很早便已经展开,研究人员通过多种实验手段获得了许多关于铁在高压下的实验结果。这些实验结果向人们展示了铁在极端条件下的性质,而在实验结果中存在的许多疑问和未解现象也成为促使更多的研究人员对铁在高压下的性质进行研究的动力。下面对铁在高压下的结构相变及性质研究进行简单的介绍。

20 世纪 40—60 年代,研究人员通过膨胀测定法、电阻率测量、导热率、冲击波传播法等实验方法证实了压力会对铁的相变产生影响。1963 年,高桥和巴西特通过 X 射线衍射法首先观察到了铁在 13 GPa 附近的相变,并结合其他人的实验结果总结了铁在高温高压下的相图。在常压下,他们认为铁存在三种固态相,分别是:温度低于 906 ℃ 时铁以 α 相(体心立方结构,bcc)存在;温度在 906~1 401 ℃ 之间时,铁以 γ 相(面心立方结构,fcc)存在;温度在 1 401~1 530 ℃ 时,铁以 δ 相(体心立方结构)存在;而当温度大于 1 530 ℃ 时,铁开始融化,开始变为液态相。当压力作用在铁样品上时,随着压力的增大,α→γ 的相变温度逐渐减小,而随着压力的增大铁出现了一个新的固态相——ε 相(密堆六方结构,hcp)。ε 相的发现对地核中铁状态和性质的研究起到了至关重要的作用,地核的温度高达 6 000 ℃,压力可以达到几百吉帕,而 ε 相铁是与地核中的铁所处环境最接近的。

1983 年,长谷川和佩蒂弗通过计算各个相之间的自由能得到了关于铁在高温高压下的相图。1966 年,萨克塞纳等通过 X 射线同步辐射研究了铁在 1 400~2 200 K、40~60 GPa 下的结构性质,验证了铁 ε 相到 β 相(双密堆六方结构,dhcp)的转变,在实验中首次获得一个新的高压相,并通过推导得出了新的铁的高温高压相图,实验中所验证的 β 相更接近于地核内部的情况。2004 年,美国得克萨斯理工大学的马艳章教授利用原位同步辐射 X

射线衍射技术,采用双侧激光加热金刚石对顶砧对铁在 161 GPa、3 000 K 环境下的相图和结构性质进行了研究。

通过以上的介绍可以看出,在目前可达到的条件下,铁存在两种由压力导致的固态相,分别是 ε 相和 β 相。在室温条件,当施加在铁上的压力大于 13 GPa 时即可获得 ε 相铁,而 β 相是一个高温高压相。

长谷川和佩蒂弗利用他们推导出的单点自旋涨落理论,通过计算确定温度和压力的自由能得出了铁的高温高压相图。埃克曼、萨迪格和艾纳斯多特利用自旋极化总势能方法,通过计算 α 相和 ε 相铁的焓,进而寻找相变点,计算出 α 相和 ε 相在 10.3 GPa 时的焓相等,因此推断 α→ε 的相变发生在 10.3 GPa。

兰州大学的詹清峰等采用全势的线性 Muffin-Tin 轨道方法对铁的 bcc、fcc 和 hcp 三种结构和磁性进行了研究,计算出了系统总能量以及磁矩随体积的关系,得到了压强、弹性模量与体积的关系曲线,并估计了 α→ε 相变的压力点为 18.27 GPa。

1964 年,皮克恩等在室温下进行了铁在高压下的穆斯堡尔谱实验,实验压力达到了 24 GPa。他们发现,在 13 GPa 以下穆斯堡尔谱由典型的 6 峰结构构成,说明此时的铁依然是体心立方结构,具有铁磁性。当压力超过 13 GPa 时,由于铁的 α→ε 相变,在谱的中心位置附近出现了第 7 个峰,随着压力的增加新出现的峰越来越强,且原来的 6 个峰逐渐减弱。这暗示着在 α→ε 相变过程中,铁的磁性发生了转变。

1991 年,泰勒等通过穆斯堡尔谱发现了铁 α→ε 相变的延滞性,并且实验验证了铁的 α→ε 相变和 ε→α 相变过程并不是瞬间完成的,而是存在一个相变区间,在 α 相变区间内和 ε 相铁是混合在一起的。在加压过程中,铁在 14.1 GPa 时一半的 α 相铁转变为 ε 相铁,而在卸压过程中,在 9.5 GPa 时一半的 ε 相铁转变为 α 相铁。穆斯堡尔谱实验的数据显示,铁的 α→ε 相的相变过程中出现了一个新的峰,这暗示着铁的磁性在转变过程中发生了变化,不再是原来的铁磁性。铁的 α 相到 ε 相的相变有一个很宽的磁性转变区间,转变区间大概在 9～20 GPa。

博德莱等曾使用 X 射线吸收谱(XAS)和 X 射线磁性圆二色(XMCD)同步测量的方法对铁在高压下的 α→ε 相变进行了实验。他们发现,铁的 α→ε 相变结构相变区间只有(2.4±0.2)GPa,比通常文献中所描述的区间要小;而磁性转变也发生在一个很小的区间内,且相比于结构相变稍微超前。通过 XAS 测量得到了样品中 α 相铁和 ε 相铁的百分比,通过 XMCD 采集到了有关偏振磁轴转变趋势的数据进行积分后的百分比。

英戈尔斯等通过 X 射线吸收精细结构技术(XAFS)对相关晶格常数的测量,得出了样品中 α 铁的含量与压力的关系图。在加压过程中,相变的开始点在 12 GPa 左右,结束点在 17 GPa 左右,相变持续 5 GPa 左右;而在卸压过程中,相变开始点在 12 GPa 左右,结束点在 7 GPa 左右,也持续了 5 GPa,加压和卸压过程中相变存在 5 GPa 的迟滞。与之前的 XAS 所测得的数据相比,在加压过程中相变开始点略微提前,而相变区间比 XAS 所测的相变区间要宽。

古尔德等设计了一个极富想象力的实验,测量到了 ε 相铁的磁性。他们使用一个镍铬合金金刚石对顶砧,用铼片作为金属封垫,样品腔直径 100 μm,样品直径 1~5 μm,传压介质采用甲醇、乙醇、水按 16:3:1 的比例混合的液体。将金刚石对顶砧加热到 261 ℃,以降低传压介质的黏性。用一个天然磁石以不同角度和距离反复接近和远离样品,然后观察样品的运动轨迹。通过计算得出 261 ℃、16.9 GPa 环境下的铁样品既不是铁磁性的也不是顺磁性的。

魏庆国等使用超导量子干涉磁强计测出了铁样品的磁化曲线、矫顽力以及饱和等温剩磁等参数,证实了铁在 ε 相依然存在磁滞现象,但是既不是铁磁性的也不是顺磁性的。在实验中为了符合超导量子干涉磁强计测量腔的尺寸,他们采用了一个特质的微型碳硅石压机。

2014 年,吉林大学张涛教授课题组自主搭建了高压下物质磁性测量系统,激励线圈 300 匝,使用 80 μm 的铜漆包线绕制,电阻为 148.4 Ω,激励线圈的内径为 10 mm,厚度为 1 mm,采用 40 μm 的铜漆包线绕制感应线圈和补偿线圈,感应线圈和补偿线圈都是 240 匝,电阻约为 24.8 Ω,层数和匝数分别为 8 与 30,它们的内径和厚度分别为 1 500 μm 和 300 μm。样品距离感应线圈的最小距离为 400～500 μm。金属封垫采用无磁厚度为 250 μm 的钨片切割而成,在金属封垫中间有一个直径为 140 μm、高 70 μm 的样品腔。样品使用 98% 分析纯铁粉,铁粉的颗粒直径在 50～200 μm 之间。为了排除传压介质在压力下对铁样品磁性的影响,在实验中并未加入传压介质,而是将样品紧密添加在样品腔中。在实验中,使用了一个直流电磁铁,该电磁铁极头最小直径 11 cm,极头间距 5.5 cm,而且在电磁铁线圈中有水冷设备给电磁铁降温。电磁铁电源是其自主搭建的一个交流转直流大功率电压源,包括三相自耦调压器,其中 3 个可滑动接触端使用电刷同轴转动,按星形接法连接,三相自耦调压器能够将输入的 380 V 电压降压;三相自耦调压器的输出接到三相整流桥中,三相整流桥利用 6 个整流二极管的单向导通特性对输入的三相交流信号进行整流,然后再以接近直流输出,整流桥电路所输出的电压仍存在较大的纹波,因此加入电容组进行滤波,电容组中每个电阻的耐压都是 450 V,电容量为 10 000 μf。之所以采用电容组,是为了在不减小电容量的同时进一步提高电容耐压,防止过大的电压将电容击穿。经电容组滤波后的电压中直流交流电压比低于 0.5%,因为最后的负载是一个感性负载,所以少量的交流电压并不会造成电压值的偏移。搭配一个大功率滑动变阻器,它的作用是在小电压的时候对电压微调,当变阻器两端电压较小的时候,将变阻器连入电路,通过调节变阻器的滑头调整负载两端的电压;当变阻器两端电压过大时,将变阻器移出电路,将整流滤波后的电压完全加载到负载上。

金刚石对顶砧(图 5-1)的机体采用钛合金制作,金刚石托块选用了钨钢,加压弹簧片是由铍铜加工而成的。以上三种材料都是无磁材料,而且在机械性能上满足金刚石对顶砧的要求。

金刚石对顶砧固定在两块特制的电路板上,这两个电路板既能起到固定金刚石对顶砧的作用,同时又能进行信号传输。电路板的下半部分固定在电磁铁的一侧极头上,激励线圈、感应线圈和补偿线圈的轴向与电磁铁所产生的直流磁场方向平行,样品正好处于电磁铁两个极头的中心位置。

图 5-1　钛合金金刚石对顶砧整体结构图及实物图

通过测试发现，铁的 α→ε 相变磁性转变的开始点在 11.5 GPa，早于结构相变，结束点在 19.6 GPa 左右。磁性相变大约持续 8 GPa，比文献中描述的结构相变压力区间要宽。从磁化曲线的形状上可以看出，从常压到 25.2 GPa，虽然增量磁化率和饱和磁化强度的数值在发生改变，但是磁化曲线的形状并没有太大的变化。说明 α→ε 相变并未使得铁由铁磁性变为顺磁性，但是也不是原来的铁磁性，而是变为了一个磁化率和饱和磁化强度都较低的状态。所以，通过实验可以说明，ε 相铁既不是原来的铁磁性也不是顺磁性的。

此外，近几年科研人员采用高压低温下电阻率测量在多个重要体系中发现了新型的超导体。在铁基超导体领域，中国科学院物理研究所赵忠贤院士团队发现在 FeSe 基超导体 $A_x Fe_{2-y} Se_2$ 中，高压首先逐渐压制其超导转变，而后又在 10 GPa 以上诱导出了 T_c 接近 50 K 的超导 II 相；日本的研究小组发现具有自旋梯子结构的 $BaFe_2 S_3$ 材料在压力达到 10 GPa 附近时发生了莫特绝缘体到超导体的转变。同时，在探索新型超导体方面，中国科学院物理研究所的程金光研究员与日本东京大学物性研究所合作，利用高压分别抑制了 CrAs 与 MnP 的螺旋反铁磁有序,在它们的磁性临界点附近首次观察到超导电性,相继实现了第一个铬基和锰基化合物超导体,从而开拓了探索铬基和锰基非常规超导体的新领域。在较为传统的重费米子领域,高压调控更是扮演着举足轻重的角色。例如,第一个重费米子超导体 $CeCu_2Si_2$ 在压力下可以依次诱导出现反铁磁序临界点和元素化合价态的不稳定性,从而出现两个相对独立的超导区域;而第一个 Yb 基重费米子超导体 β-$YbAlB_4$ 在高压下则诱导形成了长程反铁磁有序。对于近来研究非常多的拓扑电子材料体系,高压作为可以打破拓扑保护的时间反演对称性和空间反演对称性的调控手段被广泛采用,在多个拓扑绝缘体和拓扑半金属体系中观测到了压力诱导的超导电性,这对于探索拓扑超导和高压诱导拓扑相变都具有重要意义。上述的研究进展充分表明了高压物性调控在探索新材料、发现新现象、构筑新物态方面发挥了非常独特且卓有成效的作用。

2006 年,日本东京工业大学细野教授课题组发现了 LaFePO 具有超导电性,其 T_c 为 5 K,但由于其超导转变温度较低并没有引起广泛的研究热情。随后,该研究组又报道了 F 掺杂的 LaFeAsO 超导体,其超导转变温度被提高到 26 K,随后科研人员敏锐地察觉到铁基超导体或许是铜基超导体之后的第二个高温超导体系,此后迅速将铁基超导体的研究推向高潮。

铁基超导体的发现具有开创性的意义,就像在 Ba 掺杂的 La_2CuO_4 中发现 T_c 达到 35 K 的超导电性一样,其更大程度激励了科研人员进一步发现更高 T_c 的超导材料。截至目前,铁基超导体块体材料的最高超导转变温度是在 $Gd_{0.8}Th_{0.2}FeAsO$、$Sr_{0.5}Sm_{0.5}FeAsF$ 和 $Ca_{0.4}Nd_{0.6}FeAsF$ 等材料中发现的,其 T_c 可以达到 56 K。在铁基超导体中,科研人员寻找更高 T_c 材料的道路与高温铜基超导体非常相似。人们把压力作为一种调控手段,使 $La_{2-x}Ba_xCuO_4$ 的 T_c 由最初的 35 K 增加到了 53 K;受正物理压力效果的启发,人们试图采用化学压力,即用离子半径小的 Y^{3+} 替换离子半径大的 La^{3+} 制备了 $YBa_2Cu_3O_{7-\delta}$,发现其 T_c 超过了液氮温度达到 90 K 以上,并引起了超导研究界的轰动。在铁基超导材料发现的初期,人们也采用类似的思路,对 $LaFeAsO_{1-x}F_x$ 超导体展开高压研究,发现 4 GPa 的压力可以使其 T_c 从 26

K 逐渐提高到 43 K。这一研究结果也激发了研究人员采用化学压力的方法调控铁基超导材料的 T_c，即采用半径小的稀土离子 Gd、Sm、Nd、Pr、Ce 替换离子半径大的 La，并最终得到了 T_c 为 43 K 的 $SmFeAsO_{0.85}F_{0.15}$ 以及采用高压合成的具有氧缺位的 T_c 为 55 K 的 $SmFeAsO_{0.85}$。在此基础上，很多的铁基超导材料不断被发现。根据晶体结构进行分类，主要包括以 LaFeAs 为代表的 1111 体系、以 $BaFe_2As_2$ 为代表的 122 体系、以 LiFeAs 为代表的 111 体系、以 Sr_2MO_3FeP 为代表的复杂化合物的 21311 体系，以及 11 体系的 FeSe 基超导体。此外，还有一种具有缺陷结构的 $A_{0.8}Fe_{1.6}Se_2$ 体系，它具有与 122 体系非常相似的结构，因此被称为 122^* 结构。然而，在凝聚态物理中，结构是与物理性质紧密联系在一起的，所以不同的铁基超导体体系也就具有一些独特的性质。

LnFeAsO(1111)超导体系具有 ZrCuSiAs 类型的晶体结构，在室温下具有层状的四方结构，空间群是 P4/nmm，随着温度的逐渐降低，该体系化合物往往会经历了一个由四方相到正交相的结构相变，然后会在稍低温度形成长程反铁磁序，结构相变温度随着 Ln 离子半径的减小而逐渐降低。通过化学掺杂抑制反铁磁序可以诱导产生超导态，其相图与铜基超导体非常类似。1111 体系高温超导体的相图具有非常好的一致性。随着 F 掺杂量的逐步提高，结构相变以及反铁磁有序相变逐渐被抑制，最后在高于某一个临界值时超导相开始出现。然而，具体在特定的超导体中，它们的相图还是有一些不同，主要体现在反铁磁有序相和超导相之间的邻近区域。在 F 掺杂的 LaOFeAs、PrOFeAs 以及 NdOFeAs 中，结构相变与反铁磁序相变在某一掺杂量下突然消失，并且表现出阶梯行为，然后超导电性出现，在这些体系的相图中并没有反铁磁和超导的共存；在 F 掺杂的 CeOFeAs 中，结构相变与反铁磁相变连续地消失，但是反铁磁序和超导相也没有共存，当反铁磁序被完全压制以后超导相才出现，表现出量子临界点特征；在 F 掺杂的 SmOFeAs 中，结构相变与反铁磁有序相也连续地消失，但是存在一个反铁磁序与超导相共存的区间，暗示其反铁磁长程序的被破坏并不是超导相出现的必要条件。截至目前，铁基 1111 体系超导体这三种类型的相图仍然在讨论之中，而且所报道的 F 掺杂的 1111 体系超导体的相图是非常不完整的，因为在过掺杂区域 T_c 的降低没有被实验所确认，这主要来源于 F 低的共溶度。

随着材料合成技术的提升，研究人员合成了具有高 H 掺杂量的 $(Ce,Sm)FeAsO_{1-x}H_x$，从而获得了掺杂区间涵盖 $0.05 < x < (0.4 \sim 0.5)$ 的完整超导相图。Ce 体系的最佳 T_c 可达到 47 K，而 Sm 体系的最佳 T_c 可达到 56 K，与之前 F 掺杂样品的超导相图具有很好的一致性。然而，对于 $LaFeAsO_{1-x}H_x$ 体系，细野等发现了双拱形超导相图；对于 H 掺杂量为 $x = 0.3$ 的样品，通过施加压力可以使双拱形合并成更宽的单一拱形超导区间，其最佳 T_c 可达到 46 K。虽然 1111 体系表现出丰富的超导相图，但是它们的微观超导机制仍然没有得到解决，还需要更多的实验与理论研究。

铁基超导体 122 体系首先在 K 掺杂的 $BaFe_2As_2$ 中发现，其最高 T_c 可以达到 38 K，随后在化学掺杂的 $SrFe_2As_2$ 和 $CaFe_2As_2$ 中也发现了超导电性，由于 122 体系可以获得高质量的单晶，因此其在铁砷基超导体中成为被广泛研究的对象。$AeFe_2As_2$（Ae 为 Ca、Sr、Ba、Eu、K 等）具有共边的 $FeAs_4$ 四面体组成 FeAs 层，FeAs 层被 Ae 原子分隔开。随着温度的逐渐降低，$AeFe_2As_2$ 的母体和低掺杂的化合物首先经历了一个由高温四方相到低温正交相的结构相变，并且这个结构相变伴随着反铁磁序的产生。与此同时，FeSe 基超导体 $A_xFe_{2-y}Se_2$（A 为 K、Rb、Cs）也具有 122 体系的类似结构，其 T_c 为 30 K。由于 122 体系铁基超导体可以生长高质量单晶，因此科员人员对于 122 体系进行了大量的掺杂实验研究，包括空穴掺杂的 $Ba_{1-x}K_xFe_2As_2$、电子掺杂的 $BaFe_{2-x}Co_xAs_2$ 以及等价掺杂的 $BaFe_2(As_{1-x}P_x)_2$，并且在研究的过程中获得了非常丰富的相图。它们共同分享同一个母体材料 $BaFe_2As_2$，且其结构相变温度与反铁磁有序温度相同，对母体材料进行化学掺杂会逐渐抑制结构相变与长程反铁磁有序相变，然后在一定掺杂量出现超导电性。对于 K 的空穴掺杂，随着掺杂量 x 的不断增加，其结构相变温度与磁有序相变温度始终在同一温度；然而，对于 Co 的电子掺杂和 P 的等价掺杂，随着掺杂量 x 的不断增加，结构相变温度与磁有序温度逐渐分开，最后在磁有序相被完全抑制时超导电性出现。非常令人意外的是,在 K、Co 以及 P 掺杂的超导体中,总存在反铁磁有序和结构相变与超导共存的区域,而且这在所有 122 体系的相图中均存在。长程反铁磁有序与超导共存这一现象,引起了很多科研人员的关注,主要集中于解释磁有序是与超导微观共存还是相分离的问题。在后来的实验研究中,核磁共振(NMR)以及缪介子自旋旋转技术(μSR)等实验证实两者是微观共存的,但是其微观共存的机制仍然不清楚。然而,对于 FeSe 基超导体系 $A_x Fe_{2-y} Se_2$,它们具有非常强的反铁磁性,其反铁磁有序温度超过了 500 K。$A_x Fe_{2-y} Se_2$ 的超导相图强烈地依赖于 Fe 的价态、A 离子的含量以及 Fe 离子的空位,超导仅仅出现在相图中很窄的区间,且紧邻的区间均为绝缘体。令人意外的是,从整个相图来看高温的反铁磁有序温度和结构相变温度基本不变,而且其 T_c 也几乎维持稳定。另一方面,透射电子显微镜实验证实其存在相分离,包括存在 Fe 空位的有序相和没有 Fe 空位的有序相,这使得其机理研究变得更加复杂,对于如何理解其超导的本征性质仍然在讨论之中。

　　MFeAs(M 为 Li、Na)具有反 PbFCl 型的晶体结构,对于 LiFeAs 超导体,随着温度的不断降低一直到超导转变,都不存在结构相变以及磁有序的产生;对于 NaFeAs 超导体,其在低温 50 K 附近存在由四方到正交的结构相变,并且在 40 K 附近伴随着长程反铁磁有序的产生,不同于 FeAs 基其他体系超导体母体,111 体系母体均为超导体。当采用 Co 对 111 体系进行电子掺杂时,NaFeAs 超导体的结构相变与反铁磁有序相逐渐被抑制,超导转变温度逐渐升高到最佳值,但是在低掺杂区域反铁磁序与超导相也同时共存,NMR 实验证实其为微观共存;对于 LiFeAs 超导体,随着 Co 掺杂量的增加,其超导转变逐渐被抑制,直至消失。由于 111 体系独特的物理性质,使其与其他体系显得非常不同。

　　在铁基超导体中,FeSe 由于其本身存在不同相之间的关联与相互作用,包括电子向列相、长程磁有序相和超导相以及一系列的插层化合物,揭示出的一些奇异的物理性质引起了研究人员的广泛关注。FeSe 单晶随着温度的逐渐降低,在 T_c 为 90 K 附近发生由四方相到正交相的结构相变,其

a 轴与 b 轴出现明显的分开,并且伴随着费米面拓扑结构的重构,由于这与铁基超导体其他体系的电子向列相转变非常类似,因此又被称为电子向列相转变。但是,FeSe 在结构相变温度附近并没有形成长程磁有序,同时目前对于 FeSe 中电子向列相起源于自旋涨落还是轨道有序也没有统一的认识;随着温度的进一步降低,FeSe 在 T_c 为 9 K 附近出现超导电性。通过对其施加物理压力,电子向列相逐渐被抑制,且在 1 GPa 附近压力诱导产生了长程反铁磁有序,其 T_c 伴随着电子向列相的被压制首先上升到第一个极大值,而后随着反铁磁序的产生出现下降,随后在 6 GPa 附近达到零电阻最大值 38.3 K。

相比于物理压力,化学掺杂也可以作为非常好的非热力学调控参量来对 FeSe 进行调控,采用离子半径大的 Te 或者离子半径小的 S 取代 Se 的化学掺杂方法被广泛地研究。其次,通过对 FeSe 进行不同的碱金属元素、有机小分子以及不同的离子等插层均可以获得 T_c 在 $30\sim50$ K 之间的新超导体。然而,最有效的电子掺杂手段要属离子液体电场调控,通过门电压调控掺杂浓度可以使 FeSe 超导体的 T_c 提高到接近 50 K。同时,由于薄膜生长技术的不断提升,对于 FeSe 薄膜的研究成为最近研究的热点,当单层 FeSe 薄膜生长在 $SrTiO_3$ 衬底上时,其 T_c 竟然可以达到 $60\sim70$ K,这使之成为目前 FeSe 研究最前沿的课题。

在铁基超导体中,电子向列相、长程磁有序相和超导相以及它们之间的相互竞争被认为是理解其高温超导电性机理非常重要的出发点,因此,对于 FeSe 中存在的电子向列相、压力诱导的长程磁有序和高温超导电性成为众多研究关注的热点。

FeSe 超导体与 FeAs 基超导体系一样,随着温度的降低都经历了一个由四方到正交的结构相变,在电阻率上体现为轻微的上翘,但是又不同于 FeAs 基超导体系,FeSe 在结构相变附近并没有伴随着长程磁有序的出现。由于这一特殊性质的出现,正交相的 FeSe 引起了广泛的研究,它提供了一个在铁基超导体系很宽的温区范围内独立研究电子向列相的平台。目前,对于 FeSe 中电子向列相起源的研究仍然是一个开放性的问题。NMR 实验证实在结构相变发生以后自旋涨落的特性也会出现,但出乎意料的是自旋涨落会在高温时消失,从这一观测结果来看电子向列相的驱动力量可能为非磁性的,即可能是轨道有序引起的;然而,非弹性中子散射实验揭示出在整个温区内均存在磁性的涨落,暗示 FeSe 中的电子向列相又可能与自旋涨落存在关联。

由于 FeSe 特有电子向列相的存在,通过输运性质测试、量子振荡、角分辨光电子谱实验得出其费米面的拓扑结构非常复杂。首先,电阻的磁输运显示 FeSe 一旦进入电子向列相,其磁阻会出现显著的升高;通过多带模型详细地分析拟合可以得到在正交相中其载流子的有效浓度会降低,但是同时还会出现少量的高迁移率的载流子。由于 FeSe 独特的输运特性,促使了很多角分辨光电子谱实验对 FeSe 的费米面电子结构进行详细的研究,结果发现 FeSe 的电子结构在很大程度上与其他铁基超导体系非常类似,其费米面主要由位于布里渊区中心的空穴口袋与位于布里渊区角落的电子口袋构成。而且,量子振荡实验的结果与角分辨光电子谱结果具有很高的一致性。另一方面,FeSe 在常压之下并没有伴随结构相变形成长程磁有序相,但是非弹性中子散射与 NMR 实验证实在经历电子向列相的时候电子自旋涨落出现了反常的增强,这暗示磁性涨落与电子向列相之间存在耦合,然而自旋涨落的存在又暗示其可能近邻磁性的有序态。从更深层次讲,非弹性中子散射涨落谱的复杂性可能暗示其存在很强的磁性阻挫,这可能是解释 FeSe 为什么没有形成长程磁有序的原因。通过施加压力发现在 0.8 GPa 附近时,压力诱导产生了长程反铁磁序,结构相变在压力下逐渐被压制,在 0.8 GPa 附近反铁磁有序出现,并随压力的升高而逐渐升高,由于受到活塞圆筒自身压力的限制,只能给出 3 GPa 以内的数据,限制了人们观测完整的长程反铁磁序以及超导电性随压力的演化关系。

FeSe 中的超导电性具有非常容易调控的特性,无论是通过加压或是化学掺杂,都可以获得 30～40 K 的超导转变温度。另一方面,通过施加物理压力又诱导产生了长程反铁磁序,与 FeAs 基超导体相对比,FeSe 如何迈入高温超导行列成为研究人员所关注的核心问题,因为在其他 FeAs 基超导体系中,高温超导电性的实现是通过连续压制电子向列相与长程磁有序相而获得的。对于 FeSe 早期的高压研究结果显示,压力诱导 FeSe 产生 37 K 的高温超导电性,但是其没有给出任何有关电子向列相以及压力诱导产生反铁磁序的信息,而活塞圆筒实验、电输运实验以及 NMR 实验给出了低压力范围内电子向列相、反铁磁序相以及超导相随压力的演化关系,但是没有给出在更高压力范围内 FeSe 的高温超导电性是如何实现的。因此,构建 FeSe 完整的温度-压力相图对于理解其高温超导电性尤为重要。

与此同时,低压力范围内的 X 射线衍射实验与穆斯堡尔谱实验证实结构相变与磁性相变的相界线在 1.6 GPa 附近合并为一条相界线,活塞圆筒 NMR 实验也确认了这一结论。此时,在 FeSe 中一个非常重要的问题被提了出来:压力诱导的磁有序相是否与其他 FeAs 基超导体一样具有条纹状的磁结构? 尤其是当磁有序转变温度与结构相变温度合成为一条相界线时。随后的 FeSe 单晶高压 NMR 实验中给出了结论,其压力诱导的反铁磁序具有条纹状结构,因为观测到 Se 位置上沿 c 轴的磁超精细场与 122 铁基超导体系的条纹状结构以及 Fe 的磁矩指向 a 轴方向非常一致。随后,采用择优取向的 FeSe 压力下超导体积分数实验也得出了其具有条纹状磁结构的结论。由于在 FeAs 基高温超导体系中,长程磁有序结构与费米面的拓扑结构是相互关联的,这被认为是理解高温超导体超导机理的出发点。大多数 FeAs 基高温超导体系的费米面拓扑结构是由位于布里渊区中心的空穴口袋和位于布里渊区顶角的电子口袋组成,而电子在空穴与电子费米面之间的散射,即费米面嵌套被普遍认为是铁基超导电子配对的重要机制。在 FeSe 超导体中发现条纹状反铁磁序是否与压力诱导的高温超导电性存在关联仍然是一个未知的问题,有待进一步的实验确认。

由于化学掺杂以及生长单层 FeSe 薄膜均可以大幅度地提升其超导转变温度至 40 K 以上,因此,针对 FeSe 基超导体系超导机理的研究引起了广泛的关注。角分辨光电子谱实验揭示出 $A_x Fe_{2-y} Se_2$ 超导体、单层 FeSe/SrTiO$_3$ 超导薄膜以及(Li,Fe)OHFeSe 超导体等 FeSe 基重电子掺杂超导体的电子能带结构非常相似,它们都只在布里渊区顶角的电子型费米面,而没有在布里渊区中心的空穴型费米面。进一步的能带谱对比表明，它们的能带结构也有惊人的相似性。在（Li，Fe）OHFeSe 超导体、单层 FeSe/SrTiO$_3$ 超导薄膜与 A$_x$Fe$_{2-y}$Se$_2$ 超导体中表现出了非常相似的费米面拓扑结构，暗示其可能具有共同的高温超导起源，这为理解 FeSe 基超导体高温超导电性的产生提供了重要信息。这种仅存在电子型费米面的独特电子结构与之前 FeAs 基超导体中以空穴型费米面与电子型费米面之间电子散射作为超导电子配对起源的费米面嵌套理论背道而驰，因此，重电子掺杂 FeSe 基超导体的超导机理有待于进一步深入研究。同时，采用高压手段对 A$_x$Fe$_{2-y}$Se$_2$ 与 Cs$_{0.4}$（NH$_3$）$_y$FeSe 进行压力调控研究时发现，高压会首先抑制常压下的高温超导相（SC-Ⅰ），而后在临界压力之上压力会诱导出第二个具有更高超导转变温度的超导相（SC-Ⅱ），其最佳 T_c 接近 50 K；在 FeSe 单层薄膜表面进行 K 电子掺杂，当超过一定掺杂浓度时，扫描隧道谱显示其存在另一个具有更高 T_c 的超导相（SC-Ⅱ）。但是，由于高压技术的限制或者样品本身问题等原因，对于重电子掺杂 FeSe 基超导体出现的超导 SC-Ⅱ 相研究停滞不前，更无法获取其高温超导电性的起源，因此，澄清 FeSe 基高温超导体系中压力诱导产生的 SC-Ⅱ 相对于理解 FeSe 基超导体超导机制具有重要意义，同时，也可以为进一步提高其超导转变温度提供新思路。

施加高压与化学掺杂是实现反铁磁量子临界点通常采用的调控手段。相比于化学掺杂，高压调控具有不引入晶格无序以及实现精细调控的特点。中国科学院物理研究所的程金光研究员课题组首先搭建了国内首套基于立方六面砧压腔的高压低温物性测量装置，此平台可以提供最高 15 GPa 压力、最低 1.5 K 低温以及最大 9 T 磁场的综合极端条件，其课题组对一些强关联电子材料尤其是 FeSe 基超导体系开展了高压调控研究，并获得了如下成果：① 采用高压调控手段首次获得了 FeSe 单晶完整的温度-压力相图，详细地展示了电子向列相、长程磁有序相与超导相之间的相互竞争关系，完整地揭示了 FeSe 单晶中高温超导电性是通过依次抑制电子向列相和长程反铁磁有序相而逐步实现的。特别是高温超导相紧邻长程磁有序相，这与 FeAs 基超导体系非常相似，而且在磁有序相消失的临界压力附近其正常态电阻率表现出很好的线性温度依赖关系,表明临界自旋涨落可能对实现高温超导电性具有重要作用。值得关注的是,在 FeSe 中磁有序温度 T_m 和最高 T_c 非常接近,而这是与其他铁基超导体系截然不同的,这对于深入理解 FeSe 单晶的独特性质以及统一理解 FeSe 基和 FeAs 基高温超导机理提供了重要线索。② 通过高压霍尔效应的测量,构建了 FeSe 单晶的高压电子相图,表明在高压下具有空穴型主导的电荷载流子,即存在空穴型费米面,因此其费米面拓扑结构与其他重电子掺杂 FeSe 基高温超导体系截然不同。结合第一性原理计算结果,进一步证实了在高压下存在电子型与空穴型费米面,这与 FeAs 基高温超导体系非常类似,有力支持了费米面嵌套的电子-空穴散射机制。③ 通过对 $(Li_{0.8}Fe_{0.2})OHFeSe$ 进行高压电输运研究,获得了其高质量的电阻率数据,并且构建了其压力下的完整温度-压力相图,从中获得了更多关于其正常态的信息,包括可以清晰地看出超导 SC-Ⅰ 相和 SC-Ⅱ 相的正常态分别为费米液体与非费米液体($1 < \alpha < 1.5$),且超导 SC-Ⅰ 相到超导 SC-Ⅱ 相的转变存在明显的相界,这暗示超导 SC-Ⅰ 相与超导 SC-Ⅱ 相可能具有不同的超导配对机制。此外,其正常态磁阻和霍尔电阻进一步表明超导 SC-Ⅱ 相的出现伴随电子型载流子浓度的大幅提高。与此同时,高压同步辐射 XRD 显示其在 10 GPa 范围内并没有发生结构相变,因此,在高压下出现的超导 SC-Ⅱ 相可能是由费米面重构所造成的。④ 在 $Li_{0.36}(NH_3)_yFe_2Se_2$ 单晶中发现了类似现象,但是其超导 SC-Ⅱ 相出现的临界压力却只有 2 GPa,且其最佳 T_c 达到了 55 K,非常接近 FeAs 基超导体的最高转变温度。此外,他们发现 $(Li_{0.8}Fe_{0.2})OHFeSe$ 与 $Li_{0.36}(NH_3)_yFe_2Se_2$ 超导 SC-Ⅱ 相的 T_c 与霍尔系数的倒数存在很好的线性标度关系,这进一步表明了这些重电子掺杂 FeSe 基超导体在高压下出现的超导 SC-Ⅱ 相具有相同的物理起源。他们的实验结果还表明,在常压下重电子掺杂 FeSe 基超导体的 T_c 越高,压力诱导产生的超导 SC-Ⅱ 相的 T_c 也越高。因此,可以通过进一步优化 FeSe 基超导体的载流子浓度,并结合高压调控有可能实现更高的 T_c。

西北工业大学的陈长乐教授课题组利用密度泛函方法研究了高压下 FeSe 的晶体结构和电子性质,在此结合高压实验方法对 FeSe 进行完整的解释。计算模型建立采用前人的实验数据，每个晶胞中分别含有两个 Fe 和 Se 原子，每个 Fe 原子最近邻的 4 个 Se 原子形成四面体。计算工作采用基于密度泛函理论（DFT）结合平面波赝势方法的 CASTEP 软件包完成。在广义梯度近似（GGA）框架下，用 PBE 泛函形式来确定交换和相关势，自洽求解了 K-S 方程，采用超软赝势并在晶体倒易空间进行计算。计算结果表明：a、b 随着压力的增加先减小，在 30 GPa 左右达到最小值，然后增大；c 随压力的增加单调减小。当压力大于 55 GPa 后晶格常数 a、b 大于 c，说明体系不再具有层状结构。一个 Fe 原子和其最近邻的 4 个 Se 原子形成 $FeSe_4$ 四面体，在 Fe 原子上方（下方）最近邻的两个 Se 原子和 Fe 原子形成的 Se—Fe—Se 键角随着压力的增加先减小，在 30 GPa 左右达到最小，然后随压力的增加而增加。由 Fe 原子上层和下层最近邻的两个 Se 原子与 Fe 原子形成的 Se—Fe—Se 键角具有相反的规律，即 $FeSe_4$ 四面体畸变随压力的增加先变大，在 30 GPa 左右达到最大，然后又减小。此外，加 1 GPa、10 GPa 和不加压力的能带结构相似，压力为 30 GPa 时的能带结构与压力为 50 GPa 时的能带结构相似，但压力为 70 GPa 时能带结构发生了剧烈的变化。在压力不超过 50 GPa 的所有的状态中，在 c 方向从 G 到 Z 和从 A 到 M 布里渊区的范围都很小，这说明两层的 FeSe 相互作用很弱，两层之间的电子交换几乎不可能发生。而当压力为 70 GPa 时，在 c 方向从 G 到 Z 和从 A 到 M 布里渊区的范围较大，即体系不再具有层状结构。

此外，把晶体的 c 轴方向作为 $FeSe_4$ 四面体的 z 方向，由于 $FeSe_4$ 四面体具有 S_4 的对称性，Fe 的 3d 轨道分裂成三重简并的 t_{2g} 轨道（d_{xy}、d_{xz}、d_{yz}）和二重简并的 e_g 轨道，且 t_{2g} 轨道电子能量小于 e_g 轨道电子。e_g 电子由于能量高成为巡游电子，呈现为电子导电特征；而 t_{2g} 电子由于能量低、局域性较强成为芯电子，具有空穴的导电特征。即两条环形的从 A 区到 M 区电子能带为 e_g 电子形成的能带，3 条环形的从 G 区到 Z 区的空穴能带为 t_{2g} 电子形成的能带。在 0 GPa、1 GPa、10 GPa 时，e_g 电子的能量约为 −0.25 eV，t_{2g} 电子的能量约为 −1 eV；且随着压力的增加，e_g 电子和 t_{2g} 电子的能量都减小，二者的能量差（即劈裂能）随着压力的增加而增加。在压力不超过 50 GPa

时,在 A 区到 M 区 e_g 电子位于 EF 之下,而在 G 区到 Z 区 t_{2g} 电子位于 EF 之上,在费米面附近,Fe 的 3d 电子态密度与总的态密度几乎相等,而 Se 的 p 电子贡献很小,说明费米面附近的电子结构主要源于 Fe^{2+} 形成的晶体场,是层状的 Fe^{2+} 之间相互作用的结果,即体系的超导电性源于同一层之间的 Fe^{2+} 相互作用。在压力为 0 GPa、1 GPa、10 GPa、30 GPa 时,能态密度形状相似,能态密度随压力的增加而减小,说明压力可以影响 FeSe 的超导电性;且在 2 eV 左右逐渐出现一个分峰,说明 e_g 电子发生了分裂,逐渐退简并。压力为 50 GPa 的能态密度图在 $-6 \sim -2$ eV 之间较为平缓,说明 Fe 的 3d 电子与 Se 的 4p 电子重新杂化,形成新的晶体场,在压力为 70 GPa 时体系已经变为金属态。

5.4　有机超导材料

1964 年,物理学家利特尔预言,在高度极化的悬挂链导电聚合物中存在超导电性,其超导转变温度可能达到 1 000 K 以上。跟常见的固体材料不同,有机材料中声子不存在上限,只要有合适的媒介提供配对"胶水",就有可能实现高温超导。

自从理论上预言有机物里面存在高温超导电性和非常规的配对机制以来,科学家们就对有机超导体进行了广泛而深入的研究。有机超导体有着丰富的磁相变、新颖的基态性质和低维的结构。实验上第一个被发现的有机材料是 $(TMTSF)_2PF_6$,其在 1.2 GPa 下有 0.9 K 的超导。这里 TMTSF 为四甲基四硒酸富烯,为一种一维的聚合物。$(TMTSF)_2PF_6$ 中会发生电荷转移,电荷会从 $(TMTSF)_2$ 基团转移到 PF_6 基团,之后,科学家们发现了更多的类似材料。这些材料有 $(TMTSF)_2SbF_6$($T_c = 0.4$ K)、$(TMTSF)_2AsF_6$($T_c = 1.1$ K)、$(TMTSF)_2TaF_6$($T_c = 1.4$ K)、$(TMTSF)_2ClO_4$($T_c = 1.4$ K),这些材料 T_c 都低于 3 K,且需要高压诱导出来。除了 TMTDF 家族外,另一个常见的一维有机材料是 TMTTF(二硫代四硫富瓦烯)家族,如(TMT-

TF)$_2$SbF$_6$(T_c=2.8 K)、(TMTTF)$_2$PF$_6$(T_c=1.8 K)、(TMTTF)$_2$Br(T_c=1 K)等。除了这些一维有机材料外,科学家们也发现了二维有机体系,主要包括 BO、ET、BETS 等分子基团构成的体系。这些超导体的上临界场、相干长度、超导对称性、同位素效应等不能完全用 BCS 理论来描述,所以它们也被归类于非常规超导体。

多数有机超导体的晶格大多由柱状或者层状的有机导电层构成,其晶体结构存在很大的各向异性和低对称性,且非常容易通过压力来调节。得益于其低维性,有机超导体的带宽非常窄,其具有很强的关联性质。有机超导体的相图具有丰富的物理内容。通过压力、磁场和温度的调控,有机超导体的电子态会呈现丰富的现象,如绝缘相、反铁磁、SDW、CDW 等。大多数有机超导的能隙中都存在节点,其存在各向异性、非 s 波配对。在少数有机超导材料中,超导态与自旋密度波相邻,理论上预言这些材料中可能存在 f 波超导。

金属掺杂芳香烃化合物作为一个新的有机超导体系,也受到了广泛的关注。它是以芳香烃分子晶体为基础,在分子间隙中掺入碱土金属或者稀土金属原子后形成的一种新材料。最近有报道称,K 掺杂对三联苯体系可能是一个新的高温超导体,其存在高达 120 K 的超导转变温度。通过 APRES 实验,科学家们在 K 掺杂对三联苯晶体上观察到一个能隙,其非常类似超导体的能隙。当升温时,这个能隙的大小逐渐减小。同时,其他小组的研究人员在 K 掺杂的单层对三联苯薄膜中也观察到这一能隙,但当外加磁场逐渐升到 11 T 时,这个能隙的大小并没有因此而改变,表明这个能隙似乎并不是起源于超导电性。在第一个报道这个可能的超导电性的文章中,从磁化曲线上看,其磁屏蔽的体积分数非常小,大概十万分之一的量级,但没有电阻方面的数据。因此,人们使用常压和高压两种条件来合成 K 掺杂对三联苯,以期对这一 120 K 类似超导转变的现象有更深入的认识。

芳香烃超导体中的芳香烃通常指分子中含有苯环结构的碳氢化合物的总称。不同数目的苯环按照不同的排列可以构成数目众多的芳香烃分子。芳香烃超导体是以芳香烃为基础,在其晶体中掺入适当的碱金属、碱土或者稀土金属实现超导。常见的芳香烃超导体有 K 掺杂的䓛分子晶体(最高 $T_c=18$ K),K 或者 Sr、Ba 掺杂的菲($T_c=5$ K)分子晶体,钾掺杂的晕苯以及 8,9-二苯并五苯和钐掺杂的菲等材料。

南京大学研究人员利用高压的手段合成了钾掺杂对三联苯和钾掺杂对四联苯。磁化率表明二者在 125 K 都有一个类似超导的相变。其中,钾掺杂对三联苯的实验也确认了前人的工作。在外场逐渐增强的时候,这一相变被逐渐压制,并且在 1.0 T 以上时被完全压制。磁滞回线数据显示其有一个弱的铁磁磁滞的行为。当把 150 K 的磁滞回线作为背景并且扣除后,曲线表明其在低于 125 K 时有一个类似于第二类超导体的磁滞回线。而在高于 125 K 时,这种现象消失。基于磁性测量的结果,发现在钾掺杂对三联苯和钾掺杂对四联苯材料中,可能存在一小部分的超导相。但是,由于有一个正的磁化率背景和低于 T_c 下磁屏蔽的体积分数过小,目前人们还不能完全认定这种现象一定来源于超导电性。

除了以上的并苯体系,科学家们最近在金属掺杂的联苯体系中发现了疑似超导电性的现象。2017 年,陈晓嘉课题组发现了在 K 掺杂对三联苯体系中有 120 K 的超导电性。但由于其超导体积较小,且没有电阻数据,结果尚存疑虑。目前,芳香烃超导体普遍存在超导体积小、超导材料结构不清楚等缺点。

稠环芳香烃的超导也让人联想到,作为有机物里面含量很多的碳,其各种同素异形体在一定条件下也会出现超导。这之中最著名的就是 C_{60}、石墨烯、金刚石等。C_{60},学名富勒烯,是由 60 个碳原子组成,其结构含有 20 个六边形和 12 个五边形,因为跟足球的外观类似,所以其常被称为足球烯。1991 年,科学家们发现在 C_{60} 中掺入 K 可以实现 18 K 的超导。这里填在富勒烯分子间隙的钾提供电子作载流子。与前面的有机超导体的结构不同,C_{60} 超导体的主要分子结构类型为对称性较高的三维结构,其超导也是三维性质的超导。通过掺杂碱金属、加压等方式,C_{60} 超导体可以实现不同的超导转变温度,如 Rb_3C_{60}($T_c=29$ K)、K_2CsC_{60}($T_c=24$ K)、K_5C_{60}($T_c=8.4$ K)、Sr_6C_{60}($T_c=6.8$ K)等。这类材料有着多种振动模式,有科学家认为其是电声子耦合机制的常规超导体，T_c 很难突破 40 K。也有实验证据表明其属于非常规超导体系，C_{60} 超导体具有较窄的能带，其正常态位于金属-绝缘体相变边缘，而且 Cs_3C_{60} 在一定压力下还表现出磁绝缘态，其配对更像是自旋涨落引起的非常规电子配对。

金刚石是碳的高压亚稳相，具有极高的硬度，有比铜更好的导热性，且带隙比较大，能够承担较高强度的电场而保持绝缘性。引入载流子的金刚石特别适合用于电子器件等方面的研究。硼比碳少一个电子，且原子半径比碳小，比较容易通过掺杂进入金刚石结构中。科学家们发现，在高温高压的条件下，硼掺杂的金刚石具有 4 K 的超导电性。硼也可以掺杂碳的另一个同素异形体——无定形的 Q 碳，其主要通过纳米激光来融化超过冷态的硼掺杂无定形碳薄膜。当硼的含量达到 17％时，整个体系出现了约 36 K 的超导。进一步的实验表明，当硼的含量达到 27％时，整个体系的超导转变温度可以提高到 55 K。

石墨也是碳的一个同素异形体，其结构中每个碳原子周边有三个碳原子，以共价键的形式形成共价化合物。石墨具有很好的二维延展性，很容易将一层原子剥离出来。具有一层原子结构的石墨就是石墨烯。目前，科学家们采用多种合成手段，在石墨中插入碱金属、碱土金属、稀土金属等，以实现超导。其中，CaC_6 的 T_c 最高可达 11.5 K。最近，科学家们发现，在"魔角"石墨烯中通过载流子浓度的调节可以模拟再现铜氧化物的母体绝缘体→超导态的转变。这里的"魔角"石墨烯是指通过特殊的实验手段生长，使得两层石墨烯通过扭转一个角度叠加在一起的结构。扭转的角度使得石墨烯的狄拉克锥能带受到杂化而打开一个能隙，并且狄拉克点的速度将被重整化。在某些角度，费米速度为零，这些角度就是"魔角"。之后，通过门电压技术对"魔角"石墨烯进行载流子调节，科学家们发现，在能带半满的时候，体系的电导率为零，这非常类似于铜氧化物超导体母体的莫特绝缘体的行为。进一步掺杂还发现，"魔角"为 $1.16°$ 和 $1.05°$ 两种情形下，"魔角"石墨烯都出现了超导电性，最高超导温度为 1.7 K。进一步的相图研究表明，在莫特绝缘体两侧不同载流子浓度下（相当于在莫特绝缘体进行电子或空穴掺杂），均出现了抛物线型的超导区。

华南理工大学研究人员把金属钾按一定的比例掺入到菲(phenanthrene)中,用固相法合成出 K_x phenanthrene[11]。进行拉曼测量,确定了掺入后电子转移数目,发现可以形成三种化合物 K_x phenanthrene ($x=$3、3.5、4),再经过磁性测量,发现只有 $x=3$ 时相具有超导电性。经过第一性原理计算,发现只有电荷的转移数为 3 时,费米能级处的态密度最大;远离 3 时,费米能级会落在能隙处,出现绝缘体行为。同时,对有机超导体母体六苯并苯做了高压下拉曼和 XRD 测量,压力达到 30.8 GPa 时,发现随着压力的增大,六苯并苯在 1.5 GPa 和 12.2 GPa 发生了两次结构相变,经过分析确定了高压相位。在相 II 中,晶格参数的不连续变化可能是由于结构扭曲或者重构,这与拉曼研究发现 3.7 GPa 时有变化一致,微小的压力差可能是由于非静水压的影响。同时,研究了菲在高压下的振动和结构演化,其研究压力达到 30.8 GPa,发现随着压力的增大,菲经历了三次结构相变,数据分析确定了相变过程,当压力高达 30.8 GPa 时,仍有清晰的衍射峰,表明晶格结构保持完好,并没有非晶化。

此外,其课题组通过高压拉曼测量研究异蒽酮紫在高压下的振动性质,其压力达到了 30.5 GPa。通过分子间和分子内的一些声子峰的消失和半高宽的变化,表明材料从 11.0 GPa 开始发生相变,到 13.8 GPa 相变转变完成。这个转变是由于分子间的堆垛方式和分子内键与键之间的作用力发生改变而引起的。一些拉曼峰强度的比例与电阻随着压力的变化趋势相一致,表明此相变可能为电子相变。当压力达到 13.2 GPa 之后,电声子耦合作用可能增强。卸压后,材料的相变是可逆的。从拉曼光谱可以看出,晶格振动峰几乎没有变化,因此此相变可能为结构的扭曲或者重构。这些振动性质随着压力演化的研究,将有助于激励未来的理论和实验的研究,为合成更高超导转变温度的有机化合物提供帮助。

该校研究人员通过高压拉曼、X 射线衍射和高压红外测量还研究了三亚苯在高压下的光学和结构性质,拉曼测量结果显示在压力为 1.4 GPa 时,一些拉曼峰的模式发生变化,但是 X 衍射测量显示在整个压力研究范围内没有结构相变发生,因此在 1.4 GPa 拉曼峰的变化可能是因为分子重构引起的。利用第一性原理计算优化的晶格参数与实验获得的结果一致。三个分子排列角度随着压力的增大发生不同的变化,是因为压力对各个轴向的作用力有差别,相邻分子之间的夹角有变化,因此分子与分子之间变得更平坦。通过光学吸收谱的测量发现能隙随着施加压力的提高慢慢减小。计算结果表明,当压力增大到 180 GPa 时,压力引起的分子间的交叠逐渐增强,使能带交叠能隙闭合,出现金属化行为。这些发现对理解多环芳香烃的高压行为非常重要。

总之,有机超导体的发现使得科学家们的视野从无机材料扩展到更广阔的有机材料,超导研究的未来让人期待。

5.5　重费米子超导材料

在绝大部分金属材料里面,外层电子具有良好的巡游性,其电阻随着温度的降低不断下降到一个值,也就是剩余电阻的大小。但科学家们发现,在纯的金中掺入少量的磁性杂质,整个体系的电阻随温度降低先下降后指数上升。1964 年,日本的青年科学家近藤淳指出,这种现象的物理实质在于:低温下,金属中的巡游电子会与掺杂进金属中的磁性原子的局域磁矩发生自旋耦合,这种相互作用会导致巡游电子受到的散射增强,电阻增加。后来这种现象也被称为近藤效应。当这些杂质的含量足够大并且有序排列起来时,形成了一类近藤晶格材料。重费米子材料是一类在近藤晶格中,巡游电子和局域磁矩之间发生近藤相互作用,导致准粒子的有效质量不断增加,大约是自由电子质量 100～1 000 倍的一类材料。重费米子材料一般都包含镧系元素或锕系元素,因为这些原子未配对的 4f 或者 5f 局域电子能够形成周期性排列的电子磁矩结构。

1979 年,德国著名的科学家施泰格在重费米子材料 $CeCu_2Si_2$ 中发现了超导,其超导转变温度仅为 0.5 K 左右。这是第一个被发现的重费米子超导体。从第一个重费米子超导体 $CeCu_2Si_2$ 被发现以来到现在 40 多年的时间里，人们已经发现了 40 多种重费米子超导体，它们大多数是含有 Ce、Yb、U 等镧系或锕系元素的金属间化合物。随后，科学家们相继在 UBe_{13}、UPt_{13} 等众多重费米子材料中发现了超导电性。从结构上看，重费米子超导体可以分为广义 115 体系，如 $CeCoIn_5$、$CeRhIn_5$、$CeAl_3$；122 体系，如 $CeRh_2Si_2$、$CeCu_2Si_2$。这些重费米子材料基本都含有磁性稀土重金属离子，且绝大部分的超导临界温度都在 5 K 以下。由于 Pu 的毒性和强放射性，目前对于 Pu 系的重费米子研究还较困难和稀少。

重费米子体系自从被发现以来就一直是研究强关联体系的一个重要平台。在温度、压力等多种手段的调控下，重费米子体系相图上可以呈现反铁磁、铁磁、超导等多个区域。重费米子超导体有着许多现在人们还不能理解的奇异现象。例如，重费米子超导体不同寻常的配对机制，现在有科学家认为，在 $CeCu_2Si_2$ 等一类材料中，价态涨落导致电子配对；重费米子超导体存在一些隐藏序，如 URu_2Si_2 在 17.5 K 有一个很明显的二阶相变，但到目前为止也没有找到与之相对应的序参量，因此被称为隐藏序；部分重费米子超导体也存在拓扑表面态以及非费米液体行为、非常规的量子临界行为；等等。这些奇异的物理现象极大地挑战了现有的物理框架，亟待人们更深刻的探索和理解。

由 Ce、U 等镧系和锕系元素组成的金属间化合物都包含了相对局域的 4f 或 5f 电子，所以这类化合物可以视为传导电子和 f 电子构成的自旋晶格组成，是典型的近藤晶格体系。在较高温度下，由于近藤散射作用，传导电子被 f 电子散射，使其电阻行为类似于单杂质近藤体系中低温端电阻行为，表现为随着温度的下降而上升。而经过近藤散射之后的导带电子在低温下仍然保持着相位的相干性。随着温度的降低，传导电子与 f 电子通过近藤相互作用发生杂化，重电子形成，f 电子对传导电子的散射减弱，表现出电阻随着温度的降低而减小的金属行为，从而在电阻曲线上出现一个峰值，对应的温度通常称为相干温度，标志着重电子的形成和相干散射的发生。这种重电子的有效质量非常大，可以是自由电子质量的几百甚至上千倍，意味着具有很高的电子比热系数,这也是被称为重费米子化合物的原因。

近藤晶格中的近邻稀土阳离子的局域磁矩之间以巡游电子为媒介发生间接的自旋交换作用,即 RKKY 相互作用。RKKY 相互作用使得体系在低温下形成磁有序态,在 Ce 基重费米子材料中通常表现为反铁磁序,而近藤相互作用使得 f 电子趋于巡游,形成重费米液体基态或者超导基态。所以在典型的重费米子化合物中,由于近藤相互作用和 RKKY 相互作用的竞争与共存,可以形成丰富的基态,包括磁有序态、超导态、非费米液体态以及费米液体态等。

综上所述,重费米子超导体与常规 BCS 超导体相比有如下显著不同: ① 重费米子超导体的超导转变温度都比较低;② 由于准粒子的有效质量很大,所以低温电子比热系数相应也很大,超导转变处的比热跳变比 BCS 常规超导体要大很多,所以属于强耦合的体系;③ 超导转变温度以上的正常态通常表现出费米液体行为;④ 由于重的准粒子的形成,穿透深度远大于相干长度,也就意味着它属于第二类超导体;⑤ 低温物性包括比热、晶格-自旋弛豫率、热导、穿透深度等都表现为对温度的幂次依赖关系,所以超导能隙存在节点并非 s 波的超导配对;⑥ 与常规超导体相比,重费米子超导体通常具有较高的上临界场和斜率。

由于重费米子化合物的特征能量尺度都比较低,很容易通过外界参量对其基态进行调控,形成丰富的相图。在外界参量的调控下,许多重费米子超导体的相图与铁基超导体和铜氧化物超导体的相图类似,超导出现在磁有序相的边缘。随着外界参量的变化,比如化学掺杂或压力等,长程磁有序被抑制,超导转变出现。如果磁有序的相边界平稳地延伸到绝对零温,即形成磁的量子临界点(δ_2),那么在超导相之上正常态的性质通常认为是量子涨落主导的。然而,在实验中有时在外界参量达到 δ_1 时,磁转变温度和超导转变温度接近,而随后磁有序会突然消失,这种在有限温度下磁转变突然消失的现象表明在 δ_1 处有一级或弱一级的相变边界,这种情况下磁性和假定的量子临界 δ_2 之间没有明显的关联,远离 δ_1 的非常规超导态以及超导相之上的正常态的奇异性就很难再用磁涨落的观点解释。可见,要想理解非常规超导体的超导机理,量子临界现象是一个非常重要的问题。

通常在温度变化过程中发生的相变是由热涨落驱动的,表现为在无序相和有序相之间的转换。但是在没有热涨落的绝对零温,会发生另一类相变,称为量子相变。量子相变起源于由于海森堡不确定原理而导致的量子涨落。这种类型的相变不涉及熵的变化,只能通过改变非热力学参数(如磁场、压力或化学成分)才能获得。如果相变是连续的,在绝对零温下分离两种不同的量子相的点称为量子临界点(QCP)。量子临界现象已成为凝聚态物理学的一个前沿课题,特别是在强关联系统中具有重要的意义。

如上文所述,重费米子超导体、铁基超导体和铜氧化物超导体这三类非常规超导体具有共同的特征:超导电性出现在反铁磁序的边缘区域,并且最高的超导转变温度出现在反铁磁序转变温度或者赝能隙温度外延到零温时所对应的临界点附近,这说明量子临界现象是理解这三类非常规超导体超导机制的重要研究课题之一。

在这三类非常规超导体中一个重要问题是:在超导区域之下是否真正存在着 QCP 或者说超导态的形成过程中是否可以不出现 QCP。对于这个问题的研究主要涉及非常规超导体中的三个问题:① 与 QCP 有关的量子涨落是否是非常规超导电性形成的必要条件。② 在临界区域观测到的超导温度以上的正常态所表现出来的非费米液体行为是否是由于量子涨落所驱动的。③ 非常规超导相和其他电子序能否微观共存。

探测 QCP 是否存在的主要困难源于大多数实验手段对超导的出现非常敏感。重费米子化合物的 f 电子同时具有局域和巡游的双重性,这种特殊性质使得重费米子化合物中的量子临界问题更为复杂。由于近藤相互作用在外界参量调控下逐渐增强使得 f 电子更加趋于巡游,而巡游的 f 电子也可以参与费米面的形成。

通常,在反铁磁转变被抑制的附近出现超导相。在 QCP 附近的磁涨落被认为是诱导超导产生的原因,但是随着实验的发展,这种相图不再能够解释所有的非常规超导体中的超导行为,甚至有些新现象的发现不断地对之前人们在一些材料中已经达成的共识提出了挑战,意味着更加复杂的磁性与超导之间的关系,值得进一步的研究。$CeRhIn_5$是研究非常广泛的一种重费米子化合物,其反铁磁转变温度随着压力的增加先增加后减小,随后在1.7 GPa 处突然消失,此时反铁磁转变温度与超导转变温度重合(2.0 K),如果将反铁磁转变温度平稳地外延,在临界压力(2.3 GPa)处反铁磁转变温度趋于零温,同时伴随着最大的超导转变温度 2.3 K。在临界压力附近,实验发现费米面的拓扑结构发生突变,所以在这个临界点附近不仅有反铁磁序参量的涨落,还有费米子自由度的变化。帕克等的电阻测量结果表明,在这个临界压力附近超导转变温度以上的正常态电阻仍然是各向同性的,这很难用通常的反铁磁量子临界点的观点解释,在这个量子临界点附近整个费米面被破坏。然而,瓦塔纳贝等在理论上提出价态量子临界点和磁量子临界点共存的观点来解释在临界压力处的奇异物理性质。最近有学者通过对低温电阻标度分析的方法给出价态临界终点和磁量子临界点同时发生的证据,并且通过与$CeCu_2Si_2$相图对比,发现它们在价态发生改变的区域非常类似,从而说明虽然它们具有不同的晶体结构,但是超导机理是一样的,强调了 4f 电子的退局域化在压力抑制反铁磁转变和诱导超导相的形成过程中的重要作用。可见,高压下$CeRhIn_5$的相图并不是简单的某一种类型,它既包含磁有序的突然消失,从而具有一级或近似一级的相边界,同时在超导区域也存在量子临界点,虽然许多实验给出了临界压力处存在量子临界点的证据,但是对于这个量子临界点的性质仍然存在争议,通常认为的自旋涨落驱动超导配对的观点已经不足以解释临界压力处发生的所有奇异的物理性质。尽管经过十几年的研究,对$CeRhIn_5$的很多基本物理性质已经研究得比较清楚了,但是仍然存在许多问题需要进一步的探索和研究。

在最近发现的一类 Ce-122 型的重费米子化合物中,磁有序与超导相之间的关系更为复杂。高压下$CeAu_2Si_2$的相图有几个显著的特征:① 尽管磁有序持续到约 22 GPa,但超导出现在 11.8 GPa$<p<$26.5 GPa 非常宽的压力范围内,导致两相在 11.8 GPa$<p<$22.2 GPa 高达 10 GPa 的压力范围内共存。② 在低压力区域,反铁磁转变温度(T_M)首先由于近藤相互作用的增加呈现出线性递减的趋势,但是在更高压力下,T_M表现出不寻常的非单

调的压力依赖关系,其异常行为与超导相有关。在渗流超导区域
(11.8 GPa<p<15.9 GPa)和体超导区域(15.9 GPa<p<24.5 GPa),T_M 表现出不同的压力依赖关系,这些奇异性表明可能形成了新的磁相。③ 在压力区间 11.8 GPa<p<15.9 GPa,渗流超导的起始转变温度随着压力的增加而增加,T_M 减小,这与通常观察到的磁有序与超导电性之间的竞争关系一致。但是,当 $p=20.2$ GPa 时,T_M 由 2.5 K 突然上升到 4.5 K,同时,T_c 由 1.4 K 突然上升到 2.3 K,因此,超导相和磁有序相有可能不是源自原来分离的相。而且,超导转变温度和反铁磁转变温度在 16.7 GPa<p<20.2 GPa 的压力区间内都表现为随着压力的增加而比较大幅度地增加,这表明超导电性与磁性之间有着不寻常的相互作用,与所有已知的压力诱导 Ce 基重费米子超导体相比有显著的不同。④ 在 22.5 GPa 时,反铁磁转变温度突然消失,并且在这个临界压力附近超导转变温度达到极大值。特别是通过将 $CeAu_2Si_2$、$CeCu_2Si_2$ 和 $CeCu_2Ge_2$ 的相图比较后发现,最高的超导转变温度几乎对应着相同的晶胞体积,而且都对应着近藤能量尺度达到和晶体场分裂的能量尺度相当。但是,自旋涨落似乎不能成为诱导超导产生的原因。第一性原理计算表明,与 $CeCu_2Ge_2$ 相比,$CeAu_2Si_2$ 的 Ce-4f 轨道占据态随压力的演化存在一个中间态,这可能可以解释其在压力下的特殊行为。对 $CeAu_2Si_2$ 的高压研究结果不仅提供了超导电性和磁性之间相互作用的独特实例,而且还突出了轨道物理在理解 Ce 基重费米子体系中的作用。

在与 $CeAu_2Si_2$ 具有类似电子结构和相同晶体结构的化合物 $CeAg_2Si_2$ 的高压研究中也发现了磁有序与超导相之间的奇异关系。随着压力的增加,反铁磁转变温度缓慢增加至 9.4 GPa 时的 13.4 K,然后在临界压力 13.0 GPa 处突然消失。在 11 GPa 时发现超导转变,一直持续至约 21 GPa。在 16.0 GPa 时,渗流超导和体超导转变温度同时达到最高值,最大的体超导转变温度约为 1.25 K。同之前在对其他 Ce-122 体系报道的一样,在超导出现的区域,近藤能量尺度和晶体场分裂能量尺度变得彼此相当。对正常态电阻的分析结果表明,在临界压力附近散射增强,意味着自旋涨落的增强,而在超导区域,A 系数的急剧下降是由于 Ce 的 4f 电子退局域化引起的。同

时,对低温电阻的标度分析表明发生了价态改变,一级价态相变的临界终点表明除了自旋涨落之外,价态涨落在 $CeAg_2Si_2$ 的低温物性中也可能发挥重要的作用。

综上,除了在外界参量的调控下反铁磁相被抑制到零温,超导转变出现在量子临界点附近的经典相图之外,在重费米子超导体中还包含很多奇异的相图,比如磁有序的突然消失、磁转变温度和超导转变温度同时随着外界参量的调控而增强等,这些都意味着磁与超导之间不寻常的关系。同时,也标志着在量子临界点附近磁涨落调制超导的理论不再能够解释量子临界附近出现的所有奇异现象,还需要考虑价态涨落、轨道涨落或者多种涨落混合的机制,或者是新的理论。

在外界参量的调控下,元素平均价态可以连续变化或也可以发生不连续的突变。价态相变是指元素的价态发生突变,但是结构不发生改变。Ce金属在压力下发生 $\alpha \rightarrow \gamma$ 相变是典型的价态相变的例子,在其压力-温度的相图中发生一级价态相变,但是仍然保持面心立方的晶格结构。一级价态相变的临界终点位于 480 K、1.5 GPa。在一级价态相变的临界终点处价态涨落发散。如果在外界参量的调控下,临界终点的温度被抑制并进入到费米能级简并的区域,此时发散的价态涨落与费米面的不稳定性耦合,这种多重的不稳定性是理解 Ce 基重费米子超导体奇异物性的关键机制。从 Ce 金属的等温电阻率曲线随着压力的变化趋势可以看出,在其临界终点以下 ($T<480$ K),在一级价态相变发生的位置等温电阻率曲线出现一个明显的不连续性,然而当温度高于临界终点($T>480$ K),等温电阻率曲线随着温度的增加变得越来越平滑。可见,Ce 金属的等温电阻率随压力的变化曲线在一级价态相变区和价态改变的区域有着明显的区别。在一级价态相变区,等温电阻率曲线有明显的一阶不连续性,而当它由一级价态相变到价态转变穿过临界终点时,一阶的不连续性消失,而在价态改变的区域,随着温度的降低(也就是趋于临界终点时),等温电阻曲线对压力越来越敏感,电阻率的下降越来越陡。

理论预言指出,由于 Ce 的价态突变会引起 A 系数的突然下降,而且价态涨落的增强还会引起电阻呈现温度的线性依赖关系,导致剩余电阻率的增强等奇异的物理现象,而且超导转变温度的极大值出现的压力稍微低于发生 f 电子数突变压力,即价态突变(或者价态改变)的压力,同时更高的超导转变温度对应着更大的 f 电子数的改变。但是许多 Ce 基重费米子化合物都具有磁有序的基态,在外界参量调控下,磁有序往往被抑制,形成一个磁有序相和顺磁相的边界,这个边界在零温处形成一个磁有序的量子临界点。如果将磁有序考虑进来,磁有序和价态涨落或者价态相变之间的关系的研究对于理解 Ce 基重费米子化合物的相图显得尤为重要。

值得注意的是,即使 Ce 金属中发生 $\alpha \rightarrow \gamma$ 相变,Ce 的价态也只改变0.1。对于 Ce 基重费米子化合物而言,处于价态改变区域时对应的 Ce 价态的变化要更小,价态变化根据理论预言在 0.01 的量级。确实,在 $CeCu_2Ge_2$ 中观测到在 25 GPa 的范围内价态变化 0.06,$CeCoIn_5$ 在 12 GPa 的范围内价态变化 0.06,$CeIrSi_3$ 在 8 GPa 的范围内变化 0.02,而 $CeRhIn_5$ 在室温下 6 GPa 的范围内价态几乎不变。以目前的实验技术,通过高压下的吸收谱测量观测如此小的价态改变是非常困难的。赛法特等在 2012 年第一次提出通过对低温电阻的标度分析而在 $CeCu_2Si_2$ 压力-温度相图中给出发生价态改变线以及确定临界终点的位置。因为 $CeCu_2Si_2$ 的临界温度为负值,所以并不会发生真正的一级价态相变,而是发生价态改变,这与真正 Ce 的吸收谱的测量结果是一致的。临界价态涨落可以在诱导低温奇异物性中起到重要作用,比如非常规超导的出现以及非费米液体行为等。所有的归一化的等温电阻率都回归到一条线上,进一步说明存在一级价态相变的临界终点。但是值得注意的是,尽管经过了 30 多年的努力,对 $CeCu_2Si_2$、$CeCu_2Ge_2$ 中两个超导相的机理仍然知之甚少。一方面,人们普遍认为其低压下的超导相是由自旋扰动诱导的,然而热力学研究指出,常压下 $CeCu_2Si_2$ 的超导相是具有多带的无能隙节点的超导相,这对自旋扰动调节超导配对的观点提出了挑战。另一方面,对于价态扰动调节高压下超导相的观点仍然没有达成共识,人们提出了起源于轨道相变引起的临界扰动调节超导配对的机理。

最近,舍雷尔等利用低温电阻标度分析的方法对多种 Ce 基重费米子化合物中价态扰动的作用进行了分析,给出了最高超导转变温度(T_c)、非磁性杂质引起的超导配对的破坏(剩余电阻率 ρ_0)和临界终点温度(T_{cr})之间的普适关系,可以看出 ρ_0 和 T_{cr} 越小,对应的 T_c 最大,当 $T_{cr} \rightarrow 0$(即对应量子临界终点)且非磁性杂质对超导的破坏作用几乎可以忽略时($\rho_0 \rightarrow 0$),T_c 可达到最高值(2.5 K)。然而,高的剩余电阻率和较低的临界终点温度都不利于提高超导转变温度。此外,在压力-温度相图中的价态改变区域电阻率都遵循标度化的行为,说明价态涨落在诱导重费米子超导中的普遍性。

　　不同于化学掺杂,压力是一种"干净"的调控手段,不会引入化学的复杂性,从而具有其独特的优势。从已发现的重费米子超导体的相图可见,许多常压下不超导的重费米子化合物在压力的作用下其反铁磁序被抑制后出现超导电性,同时还会出现非费米液体行为。所以,利用压力手段不仅能够发现更多的重费米子超导体,而且也可以为研究非常规超导体中的磁性与超导电性以及非费米液体行为之间的关系提供理想的研究体系。同时,由于Ce 在压力下能够改变价态,从而研究高压下重费米子化合物超导转变与价态之间的关系成为重费米子超导体研究中所特有的重要问题。

　　超导电子对的对称性是超导研究中的另一个重要课题。当人们描述库珀对波函数时,通常将它分成自旋部分和轨道部分。一般来说,自旋向上和自旋向下的传导电子能带是简并的。但是如果有自旋-轨道耦合存在,那么这种自旋简并的能带将分裂成两个能带。然而,对于大多数超导体而言,其晶体结构都具有空间反演对称性。因此,当时间反演对称性守恒时,这种能带的分裂就会被禁止发生,所以对于中心对称的超导体而言,人们仍然可以将库珀对的配对波函数的自旋部分和轨道部分分开考虑,用自旋单态和自旋三重态描述自旋部分,轨道部分用 s、p、d 波等描述。但是,对于没有空间对称性的超导体,即非中心对称超导体而言,由于自旋-轨道的相互作用导致能带的自旋简并度被解除,因此人们不能再独立处理库珀对波函数的自旋、轨道部分,这直接影响了超导态的配对机制。传统的库珀对的分类已不再适用于非中心对称超导体。这类超导体可能出现具有自旋单态和自旋三重态混合的新配对态。

外加磁场对超导配对的破坏作用也会因超导配对对称性的不同而产生不同的影响。顺磁效应对超导配对的破坏依赖于库珀对的对称性,它会打破自旋单态配对,不会破坏自旋三重态配对。但是,轨道作用对库珀对的破坏与其对称性无关。由于自旋三重态的出现,非中心对称的超导体会表现出很多奇异的性质,比如说具有非常高的上临界场和上临界的各向异性等。

具有非中心对称晶体结构的重费米子超导体是强关联电子系统研究中的一个热点问题。$CePt_3Si$ 是第一个被发现具有非中心对称结构的重费米子超导体,它具有四方的晶体结构,该化合物在 2.2 K 以下呈现反铁磁序,而在临界温度 0.75 K 以下出现超导转变。反铁磁转变温度和超导转变温度随着压力的增加而降低。

为了研究 $CePt_3Si$ 的超导配对性质,人们进行了一系列测量。磁化率的测量结果给出了无论磁场的方向与样品平行或垂直,在进入超导相时其磁化率都不会发生改变,所以磁化率的实验不能够区分其超导配对态。上临界场的测量结果表明,其并没有表现出明显的各向异性,但由于其上临界场高于泡利顺磁上临界场、小于轨道上临界场,所以可以推测存在自旋三重态;磁穿透深度、热导率和比热测量的结果都表明其能隙存在线节点。

大部分 $CeTX_3$ 型化合物具有 $BaNiSn_3$ 型的四方晶体结构。$BaNiSn_3$ 型结构来源于 $BaAl_4$ 型结构,此外还有其他两种变形——$ThCr_2Si_2$ 和 $CaBe_2Ge_2$ 类型。但是,$BaNiSn_3$ 不同于其他两种变形的晶体结构,它不具有空间对称性。在 $CeTX_3$ 型化合物中,T 为 Co、Rh、Ir 和 X 为 Si、Ge 时组成的化合物都是典型的非中心对称重费米子化合物,具有 $BaNiSn_3$ 型的晶体结构。常压下,除了 $CeCoSi_3$ 处于混合价态外,其余 5 种化合物在常压下都具有反铁磁的基态。

$CeRhSi_3$、$CeIrSi_3$、$CeCoGe_3$ 和 $CeIrGe_3$ 都只有在压力的作用下才出现超导转变,它们具有很多共同的特点:① 在压力的作用下,反铁磁序被抑制,超导转变出现在被抑制的反铁磁序的边缘;② 具有高于泡利顺磁极限的上临界场,可以作为存在自旋三重态的实验证据;③ 在超导转变温度最高的压力点附近都观测到了电阻对温度线性依赖行为,即非费米液体行为。尽管所观测到的低温电阻对温度的线性依赖关系通常认为是量子临界现象的一个重要特征,但是由于超导转变的出现,使得很多测量手段探测不到超导转变温度以下的磁有序,从而对于是否真正存在量子临界点仍然不是很清楚。值得注意的是,在 $CeRhSi_3$ 和 $CeIrGe_3$ 中反铁磁转变似乎并不会被抑制到零温,而是在进一步加压时几乎变得恒定,随后在超导转变温度达到极大值的压力附近突然消失,这些特征对存在量子临界点的假设提出了质疑。反铁磁序的突然消失是否是一级相变也是一个悬而未决的问题。特别是在量子临界点附近,由于量子涨落的增强,有效电子质量会增加,对应着电子比热系数以及电阻的系数 A 增强,但是在 $CeRhSi_3$ 中发现系数 A 一直到 2.4 GPa 几乎不变,意味着并不存在磁涨落的增强。总之,在这个体系中,磁性与超导之间的关系并不明确,量子临界现象也有待进一步研究。同时,由于其具有非中心对称的晶体结构,自旋轨道相互作用在形成超导态中的作用也是值得研究的重要问题。

中国科学院大学研究人员研究了 $CeRhGe_3$ 的反铁磁转变温度以及晶体结构随压力的变化规律[12]。发现其反铁磁转变被压力部分抑制后,在 19.6 GPa 附近出现超导转变,在 19~21 GPa 的范围内,该超导相与反铁磁相共存。在 21.5 GPa 反铁磁转变突然消失,同时超导转变温度达到极大值 1.3 K。高压 XRD 实验结果表明,压力诱导的超导转变并不是由结构相变引起的,而是电子的起源。反铁磁转变温度随压力出现的平台行为可能是由于渗流超导的形成而引起的。至此,在非中心对称重费米化合物 $CeTX_3$ (T 为 Co、Rh、Ir,X 为 Si、Ge)中,在压力下发现了这个家族中最后一个非超导化合物的超导转变,这为研究这个家族中超导和材料性质之间的关系提供了机遇。

此外,将所发现的最后一个非超导重型费米化合物成员 $CeRhGe_3$ 的超导电性与 $CeTX_3$ 系列中其他超导体进行了对比研究。结果发现,虽然常压下的晶胞体积和超导临界压力在整个家族中变化很大,但是所有的成员在达到最大超导转变温度(T_{cmax})时,其晶胞体积都位于一个共同的临界体积区域范围内,变化幅度在 ±1.7%,而且在临界体积处对应的 T_{cmax} 随着由于

d 电子的变化引起的自旋-轨道耦合强度的增加而增加。这些相关性表明，适当的近藤杂化是形成超导的必要条件，而自旋-轨道耦合在这个家族中有利于增强超导。对低温电阻的标度分析表明，价态涨落在超导的形成和非费米液体行为的出现中可能发挥重要的作用。

对非中心对称重费米子超导体仍有许多问题值得进行更加深入的研究，包括：① 超导配对的对称性；② 临界压力（21.5 GPa）附近是否存在量子临界点的微观证据，或本研究中所观测到的非量子相变的相图是否具有更广泛的意义；③ 在 20 GPa 附近超导和反铁磁是否存在微观共存；④ 渗流超导的直接证据；⑤ 价态涨落对超导相形成的重要作用的直接证据。这些问题不仅对于理解 $CeRhGe_3$ 的压致超导以及 $CeTX_3$ 体系有着重要的意义，而且对统一地理解非常规超导体的超导机理提出了新的研究课题。

中国科学院大学研究人员还基于多轮高压电阻实验数据和高压比热实验数据得到了 $CeAuBi_2$ 的高压相图[9]。常压下，$CeAuBi_2$ 具有反铁磁基态，当压力为 4 GPa 左右时，$CeAuBi_2$ 由反铁磁有序态转变到另外一种磁有序态（磁有序 I 态）。继续加压至 11 GPa 左右，电阻极小值消失，同时电阻-温度曲线上出现一个节点。这个节点的出现可能与压致自旋的方向改变有关，该磁结构需要进一步做高压中子实验来确定。实验结果表明，$CeAuBi_2$ 在所研究的高压实验条件下没有发生超导转变，而是出现了两个可能的磁相变。这与其同族化合物 $CeAuSb_2$ 的高压相图很一致。在重费米子化合物中，电子之间的相互作用是决定基态的重要因素。在 $CeAuBi_2$ 中，即便在压力的作用下，磁有序温度也一直存在，说明该化合物具有很强的电子关联性。

第 6 章　高压超导材料的
模拟计算研究

尽管在过去的几十年时间里高压实验技术得到了突飞猛进的发展和进步,但是仍然存在许多的不足和困难,主要体现在以下几个方面:① 高压实验在成本上比较昂贵,例如 DAC 装置中必不可少的金刚石最便宜的也要几万元人民币,贵的可能达到十几万元人民币甚至更高,并且在极高的压力条件下,金刚石容易发生破碎,这些对高压科学实验研究带来了一定的经济负担。② 众所周知,XRD 衍射数据是获得物质基本结构的重要依据。受实验样品一些本质属性的影响(如样品的大小、多少以及纯度等),同步辐射的 XRD 信号可能会非常弱,这对确定晶体结构信息会产生一定的影响。③ 对于那些特别轻的原子,如氢(H)、氦(He)、锂(Li)等,它们的散射因子很小,这样也将会导致 X 射线的信号特别弱。甚至对于某些氢化物而言,由于重元素与氢之间的质量差距比较大,导致氢的衍射峰信号根本无法被观测到。④ 由于充入样品的量过多或者过少,实验上很难合成理想化学配比的物质,例如对于二元的氢化物而言,如果充入的氢比较多,则可能会得到高氢含量的物质;如果充入的氢比较少,就可能会得到氢含量比较少的物质,这种氢含量的配比在实验上很难得到有效的控制。甚至一些被寄予厚望的物质根本就没办法合成。

人类认识世界的过程实质上是实践→认识→再实践→再认识的过程。对于物理科学,理论和实验是推动其发展必不可少的"两条腿"。实验是检验真理的重要标准。理论研究的主要作用体现在两个方面:一是指导实验,理论能够指导实验的进行,可以避免走许多的"弯路";二是理论可以解释、验证实验结果,任何一个实验现象原则上来讲都可以用一套理论来做出合理的解释,理论研究的一个重要目的就是揭示实验现象背后的本质。对于凝聚态物质的研究,很早就在理论上展开了,但是考虑到繁重的计算量,一些理论当时只能应用到简单的模型、物质或者体系上,这些优秀的理论和方法没有被广泛地应用到更加复杂的实例上。幸运的是,随着计算机科学的蓬勃发展,这些理论被很好地程序化,并且整合到一个或者一些具体的软件中,而计算机的计算能力是巨大的,利用这些软件计算一些材料的性质从而催生了一门新的科学,即计算物理学。计算物理学是科学研究发展到一定阶段的必然产物,它是连接理论物理学和实验物理学的重要桥梁。它的重要性不言而喻,越来越多的科学家已经意识到计算物理学的巨大威力。随着科学的发展、时代的进步,计算物理学将会成为推动物理科学前进的"第三条腿",它也会逐渐地与理论物理学和实验物理学形成"三足鼎立"之势。因此,计算机理论模拟的开展是十分必要的。

6.1 金属氢化物超导材料

目前,富氢化合物的研究主要集中在两方面,一方面是储氢材料,另一方面是超导电性的研究。事实上,这两方面的研究都是起源于对氢的研究。氢是元素周期表中的第一位元素,是宇宙中质量最小的元素,也是含量最多的元素,大概占宇宙总质量的 75%。由于氢具有可再生、清洁、含量丰富、廉价、燃烧效率高等一些优点,所以它常常被认为是一种潜在的能源材料。特别是在当前能源危机的时代背景下,氢能源的开发和利用就显得尤为重要。尽管许多国家已经将氢能源的研发和使用提到工作日程上,但是氢能源的使用并没有得到广泛的普及,其主要原因在于氢的存储比较困难。富氢化合物,顾名思义是指含氢量比较高的材料。例如,一些碱金属和碱土金属三元氢化物,被认为是良好的储氢材料。

由于轻的原子质量和高的德拜温度,固态氢也被认为是最有可能的室温超导体。在传统的 BCS 理论中,超导体必须是金属,因此获得金属氢将会是研究其高温超导电性的必要前提。早在 1935 年,魏格纳和亨廷顿就已经预言了氢在 25 万大气压时将会实现金属化。1968 年,阿斯克罗夫特明确指出,一旦固态氢实现金属化,由于具有高的费米面处的电子态密度,固态氢将成为一个理想的高温超导体。但令人遗憾的是,现在实验上已经确定至少在 388 万大气压也没有观测到固态氢的金属化。尽管目前有研究人员宣称他们在 495 万大气压获得了固态的金属氢,但是这一实验结论受到了质疑。

为了绕开固态氢很难实现金属化这一难题,阿斯克罗夫特于 2004 年明确指出,在富氢化合物中,由于掺杂的重元素对氢产生一个强有效的化学预压缩作用,这些化合物可能在更低的压力下达到金属化,并且一旦实现了金属化,它们将会有希望成为高温超导体。基于阿斯克罗夫特的指导思想,第四主族氢化物首先被研究,随后关于氢化物金属化和超导电性的研究正式拉开了序幕。在接下来的十几年间,大量的研究表明元素周期表中的许多元素都可以与氢形成二元化合物,并且它们中的一些可以呈现出高温超导电性。2014 年,吉林大学崔田教授课题组通过使用晶体结构搜索技术结合第一性原理计算方法预测具有空立方结构的 H_3S 在 200 GPa 时超导转变温度会达到 191~204 K。这一重要的预言随后被德国马普化学研究所的叶列米特等通过高压实验证实。在他们的实验中,通过将硫化氢(H_2S)样品压缩到 155 GPa,发现样品在 203 K 时变为超导体。2015 年,崔田教授课题组再次提出实验上观测到的 203 K 的超导体事实上是 H_2S 的分解产物 H_3S,更重要的是,其进一步地指出获得固态 H_3S 的三个可行路径:H_3S 可以由单质氢和硫合成(第一条路径),随着压力的增加 H_2S 脱离凸包图,H_3S 落在凸包图上且变得稳定,暗示 H_2S 分解为 H_3S 和单质 S(第二条路径),同时也暗示 H_3S 可以由 H_2S 加 H_2 获得(第三条路径)。第三条路径在 2011 年被斯特罗贝尔等通过实验证实。2016 年,清水等在实验上证实了第二条路径。2017 年,亚历山大等通过直接压缩单质 H 和 S 也合成了固态 H_3S,证实了第一条路径。

在高压条件下，发现固态 H_3S 的高温超导电性具有里程碑式的意义。超导材料的研究发展经历了几个重要的时间节点：1911 年发现液汞 4.2 K 的超导转变温度；1973 年发现 Nb_3Ge 的超导转变温度达到 23.2 K；2001 年发现传统的超导体 MgB_2 的超导转变温度达到 39 K；目前世界上较高临界温度的超导体是 Hg-Ba-Ca-Cu-O 体系（常压下 135 K，压力 30 GPa 时为 164 K），由朱经武教授研究小组于 1994 年发现。随后铁基超导体的超导转变温度被发现是 55 K。崔田教授课题组提出的固态立方 H_3S 创造了一个新的超导纪录（203 K、200 GPa），这一重要的发现必将激励更多的科学家在富氢化合物中探索更高 T_c 的高温超导体。

综上所述，基于对高压下富氢化合物研究背景和现状的介绍，特别是对其超导电性的介绍，我们可以发现尽管氢化物超导电性的研究取得了一些突破性的进展，但是仍然有一些重要的问题亟待解决，主要可以归结为以下三个方面：

（1）能否找到随氢含量增加 T_c 显著升高的富氢化合物？在报道过的二元氢化物中，高的氢含量不总是对超导转变温度起着积极的作用，如 PoH_6 的 T_c（4.68 K）要明显低于更低氢含量的 PoH_4（$T_c=47.2$ K），InH_5 的超导转变温度（$T_c=27.1$ K）更是低于 InH_3（$T_c=40.5$ K）。能否找到随着氢含量增加超导转变温度显著升高的富氢化合物，是值得人们探索和研究的。

（2）为什么大多数过渡金属氢化物的电声耦合要弱于主族氢化物，而且超导转变温度低于主族氢化物？在过渡金属氢化物中，由于过渡金属包含高度局域化的 d 电子，导致它们的氢化物在费米能级处的电子态密度非常高，根据强耦合理论，高的费米能级处电子态密度通常会对应着强的电声耦合强度参数 λ，但是实际情况却截然相反，对于上述的许多包含 d 电子的过渡金属氢化物，它们的电声耦合强度和超导转变温度的数值都要明显小于主族元素。甚至对于一些相同化学配比甚至晶体结构相同的氢化物，如 A_{15} 型氢化物 AlH_3、GaH_3、FeH_3 和 RuH_3，它们的电声耦合强度和超导转变温度差异非常大，总体趋势上看，过渡元素的 A_{15} 型氢化物（FeH_3 和 RuH_3）

的电声耦合强度和超导转变温度要明显小于主族（AlH_3 和 GaH_3）的。产生这种巨大差异的本质原因是什么，同样值得人们进行深入的探索。

（3）在三元氢化物中寻找高温超导体是否可行？目前，元素周期表中的大多数二元氢化物都已经被研究，而三元氢化物的超导电性到目前为止却很少被研究，上述介绍的几个报道过的三元氢化物的超导转变温度非常低，那么在三元氢化物中寻找高温超导体究竟是否可行呢？如果可行，应该如何获得这些三元氢化物，这些高 T_c 的三元氢化物应该具备什么样的特点，这些都是人们研究的重点。

致密的固态金属氢一直被视作最有前途的高温超导体。但是，直到目前为止固态氢的金属化仍然没有被证实，超导电性更是无从谈起。为了绕开这一难题，阿斯克罗夫特提出在第四主族的氢化物中，由于重元素对氢产生一个有效的"化学预压缩"作用，可能导致这些氢化物在比纯氢更低的压力下实现金属化。随后，一些关于第四主族氢化物，如对硅烷、乙硅烷、锗烷和锡烷的研究表明它们确实能够在高压下实现金属化，更重要的是这些金属化的氢化物呈现出高温超导电性。研究不仅仅被局限在第四主族氢化物中，其他的氢化物也被广泛地进行了探究。大量的调查研究表明，元素周期表中的许多元素都可以与氢发生反应形成氢化物，而且这些氢化物中的一部分能够呈现出高温超导电性。

受 H_3S 高温超导电性的鼓舞，大家开始关注同样是共价晶体的第五主族磷化氢，实验发现磷化氢在 207 GPa 时超导转变温度能够达到 103 K。随后，理论上提出了一些可能的"磷化氢"高压晶体结构。同时理论上也预测了 AsH_8 在 450 GPa 时超导转变温度会达到 151 K，SbH_4 在 150 GPa 时超导转变温度会达到 118 K。但是第五主族铋的氢化物却很少被研究。与单质磷、砷和锑相比，元素铋有更大的原子质量、原子半径和更弱的泡利电负性，根据戈德哈默尔-赫斯菲尔德准则，元素铋的氢化物可能在更低的压力下实现金属化，并且也可能会呈现一些高温超导电性。

崔田教授课题组采用晶体结构搜索软件 USPEX 和 CALYPSO 结合第一性原理研究了高压下的 Hf-H 化合物的晶体结构及其性质。预测了一个

新的具有 A_{15} 型结构的氢化物 HfH_3，在 150 GPa 的压强下它具有最低的平均原子焓且一直稳定到研究的最高压力点 300 GPa。研究表明，HfH_2 类似于 H_2S 在高压下是不稳定的，会分解为 HfH_3。立方的 HfH_3 是一个离子型晶体，并且 Hf 的 5d 主控着费米能级处的电子态密度，控制着体系的导电性。HfH_3 是一个潜在的超导体，在 150 GPa 的压强下电声耦合参数 λ 和超导转变温度分别可以达到 0.69 K 和 20.53 K。通过 A_{15} 型氢化物的对比研究，人们认为富氢化合物成为高温超导体应该具备较大数值的氢主控费米能级处的电子态密度、分类电声耦合参数比较大且分布在所有的声子模式上等特点。

截至目前，大量的研究工作主要集中在对二元氢化物的研究上，并且广泛的研究表明呈现高温超导电性的二元氢化物中氢的含量通常比较高。在二元高 T_c 氢化物中，掺杂元素通常扮演金属化氢的角色，被称作"化学预压缩"，然而事实上，由于轻的原子质量和高的德拜温度，氢被认为主要负责化合物的高温超导电性。实验上，村松等发现三元氢化物 $BaReH_9$ 在 100 GPa 时可以转变成高温超导体，其超导转变温度大约为 7 K 左右。理论上，Fe_2SH_3 的 Cmc21 结构被预测可以稳定在 100 GPa 以上，但是它的电声耦合参数和超导转变温度在 173 GPa 时仅仅达到 0.3 K、30 K 和 10 K。

硅（Si）是第四主族中与 C 元素近邻的等电子元素。在 Mg-Si-H 体系中，有些人可能认为一个 Si 原子可以与 4 个 H 原子形成 SiH_4 分子单元，进而形成类似于 $MgCH_4$ 的化学配比。但是，由于 Si 原子比 C 原子具有更大的原子半径、更弱的泡利电负性，Si—H 键比 C—H 键更弱，这可能导致 Si—H 化学键的断裂，进而导致 Mg-Si-H 化合物在高压下呈现完全不同的晶体结构和新颖的性质。典型的例子是 MH_4（M 为 Si、Ge 和 Sn）体系，由于成键形式的不同导致完全不同的晶体结构和性质。

同样的，加压也可能在 Mg-Si-H 体系中合成一些不同寻常化学配比的三元氢化物。然而，由于反应的前驱物非常丰富（如 Mg、Si、H、MgH_2、SiH_4 等），所以如何确定合成三元氢化物的具体路径是至关重要的。一旦这些合成路径被明确，它们将会对进一步的实验合成起着重要的指导作用。

吉林大学研究人员使用第一性原理计算的方法研究了 Mg-Si-H 体系的高压晶体结构和超导电性，提出了一个方法来明确三元氢化物 $A+B \longrightarrow D$ 型的具体合成路径。这个方法揭示了 $MgSiH_6$ 的两个高压合成路径：$MgH_2 + SiH_4 \longrightarrow MgSiH_6$ 和 $MgSi+3H_2 \longrightarrow MgSiH_6$。$MgSiH_6$ 展现对称性和离子性特点，预测其在 250 GPa 时具有强的电声耦合参数和高的超导转变温度（63 K）。由费米面嵌套导致的声子软化行为对 $MgSiH_6$ 的超导电性起着至关重要的作用。随后其采用 USPEX 和 CALYPSO 结合第一性原理计算，系统地研究了 Mg-Ge-H 体系的高压晶体结构，预测了一些能够合成 $MgGeH_6$ 的路径，并且重点研究了三个有区别的合成路径：$Mg+Ge+3H_2 \longrightarrow MgGe_6$、$MgH_2 + GeH_4 \longrightarrow MgGeH_6$ 和 $MgGe+3H_2 \longrightarrow MgGeH_6$。$MgGeH_6$ 具有一个简单的立方结构且展现离子性特点。除此之外，预测 $MgGeH_6$ 的超导转变温度在 200 GPa 时能够达到 67 K，是一个潜在的高温超导体。同样，其使用第一性原理计算且结合晶体结构预测软件 UXPEX 和 CALYPSO 系统地研究了 Li-Al-H 和 Mg-Al-H 体系稳定的化学配比和晶体结构，提出一个可行的合成路径，即 $MAl+nH \longrightarrow MAlH_n$（M 为 Li、Mg，$n=1\sim7$）来获得三元氢化物。预测高压下将形成两个稳定的三元富氢化合物 $LiAlH_6$ 和 $MgAlH_6$，它们在高压下呈现相似的晶体结构且表现出离子特性，预测在 200 GPa 的压强下 $LiAlH_6$ 和 $MgAlH_6$ 的超导转变温度分别将会达到 160 K 和 77 K，是潜在的高温超导体。大的氢诱导的费米面处的电子态密度被发现是不同于其他的低 T_c 三元氢化物。$MAlH_6$ 的高压超导电性主要起源于氢主控的电子与所有声子模式的强烈耦合，这是非常新颖和独特的。研究表明，提高氢主控的费米面能级处的电子态密度可能是获得高温超导体的重要途径。

燕山大学研究人员探索了稀土金属 X（X 为 Y 和 La）掺杂 H_3S 的三元氢化物 XSH_6 是否能成为高温超导体的候选材料[13]。通过基于粒子群优化算法的 CALYPSO 晶体结构预测软件，预测得到了三元稀土金属硫氢化物 YSH_6 和 $LaSH_6$ 的高压结构 P42/mmc-YSH_6 和 Cmcm-$LaSH_6$。在这两种结构中，P42/mmc-YSH_6 中的氢是以 H_8 的八元环的形式存在，而 Cmcm-$LaSH_6$ 中的氢是以 H_5 分子链的形式存在。对这两个高压结构的热力学和动力学计算表明，P42/mmc-YSH$_6$ 和 Cmcm-LaSH$_6$ 都是稳定的，并且预测了在 300 GPa 时这两种结构的 T_c 分别为 61 K 和 35 K。此外，P42/mmc-YSH$_6$ 和 Cmcm-LaSH$_6$ 的总的电声耦合系数的贡献主要来源于体系声子的中频部分。研究结果表明，向高 T_c 的超导二元氢化物中掺杂重元素可获得新的三元氢化物超导体，并计算得到了两种可能的高压合成路径：YS(LaS)＋H$_2$ 和 H$_3$S＋LaH$_3$。此结果的形成有三个诱因：首先，预测出来的结构对称性低；其次，因为受到计算资源和计算时间的限制，没能考虑 Y(La)-S-H 体系的其他配比；最后，三元的稀土金属硫氢化物 YSH$_6$ 和 LaSH$_6$ 中，声子振动的中频部分［来自 Y-H(La-H) 和 H-S 的振动］对整个电声相互作用系的贡献最大，中频部分对电声耦合作用最大，这与二元氢化物中氢元素对超导温度的贡献最大不同，是否这也是对超导温度不能显著提高的重要原因，有待人们后续探索。

青岛大学研究人员系统地研究了 TiPH$_n$(n＝1～8）在 50～300 GPa 压强范围内的结构和超导性质[14]。对于 TiPH$_n$ 氢化物，预测了它们两种可能的分解路径的稳定性：TiPH$_n$ ⟶ TiP＋nH(n＝1～8）和 TiPH$_n$ ⟶ TiH$_2$＋P＋(n－2)H(n＝2～8）。从 TiPH$_n$ 相对于分解路径 TiPH$_n$ ⟶ TiP＋nH 的生成焓凸图可以看出，TiPH 在 50～200 GPa 时最稳定，TiPH$_4$ 在 250～300 GPa 时最稳定，TiPH$_8$ 可以稳定在 200 GPa 以上。相对于分解路径 TiPH$_n$ ⟶ TiH$_2$＋P＋(n－2)H(n＝2～8），TiPH$_4$ 从 100 GPa 开始稳定，并且在 200 GPa 以上最稳定，TiPH$_8$ 在 200 GPa 以上也可以稳定存在。经过热力学稳定性的判定，确定可以稳定存在的结构，计算动力学稳定性，声子曲线没有虚频，结构具有动力学稳定性，同时满足机械稳定性，因此可以稳定存在。

TiPH$_n$ 体系最稳定的结构 TiPH$_4$-R3m 相的超导临界转变温度在开始稳定的压强 100 GPa 和最稳定的压强 250 GPa 下分别为 51.57 K 和 62.36 K，TiPH$_8$-C/2m 结构的 T_c 在 250 GPa 压强下为 66.67 K，亚稳比例 TiPH$_5$ 的稳定结构的 T_c 在 250 GPa 压强下可以达到 126.06 K。超导临界转变温度在 100 K 以上，属于高温超导材料范围。相比之下，TiPH 结构虽然稳定，但没有很好的超导电性，在 250 GPa 下计算得到的 TiPH$_2$ 的 T_c 值仅为 2.22

K。Ti-P-H 氢化物体系显著改善了 P-H 氢化物体系的稳定性问题。与不稳定的 P-H 化合物相比，Ti 与 H 之间亲和力较高，导致 Ti 元素掺入 P-H 体系后，$TiPH_n$（$n=1\sim8$）体系的稳定性显著增加，在压强 50 GPa 时，TiPH 就能稳定存在，在 250 GPa 压强下最稳定的是 $TiPH_4$。与预测的 PH_3 化合物在 207 GPa 时 $T_c=103$ K 相比，在 250 GPa 压强下 $TiPH_4$ 的 T_c 达到 62.36 K，$TiPH_5$ 的 T_c 达到 126.06 K。另外，相对 Ti-H 体系，加入 P 可以明显改善 Ti-H 化合物的氢脆问题，提高实验制备的可行性。总之，Ti 引入 P-H 体系后，高压下 Ti-P-H 化合物的热力学稳定性相对 P-H 体系显著提高，且保持了良好的 T_c；相对于 Ti-H 体系，$TiPH_n$ 也较好地改善了 Ti-H 化合物的氢脆问题。此外，青岛大学研究人员研究了在 50～300 GPa 压强范围内对三元氢化物 APH_4（A 为 Na、Mg、Al、S）的稳定结构和超导性质。计算 APH_4 体系的焓值，并与单质原子的焓值求差，计算结果发现 APH_4 各体系中都存在焓值差小于零的结构，这些结构从热力学方面来说是可以稳定存在的，三元氢化物 APH_4 体系最稳定的结构均出现在 300 GPa 压强下，最稳定的结构分别为 $NaPH_4$-C2/m 结构、$MgPH_4$-Cm 结构、$AlPH_4$-R3m 结构，体系的热力学稳定结构声子振动曲线不存在虚频，结构具有动力学稳定性。但只有 $MgPH_4$-Cm 结构价带与导带在费米面发生重叠，结构具有金属特性，可以转化为超导体。$NaPH_4$-C2/m 结构、$AlPH_4$-R3m 结构在该压强下价带与导带在费米面附近存在带隙，并不呈现金属性，不会转变为超导体。同时，其还研究了 $TiPB_4$ 在 50～300 GPa 下结构的稳定性与电子性质。基于 $TiPH_4$ 在 $TiPH_n$ 体系中的稳定性，用 B 元素替换 H 元素，探索无氢三元化合物 $TiPB_4$ 的结构，计算它的稳定性与超导性质。以单质为分解路径计算化合物与单质的焓值差，计算结果显示 $TiPB_4$ 在计算压强范围内焓值差小于零，表明结构存在热力学稳定性。比较结构的焓值，在 50 GPa 压强下最稳定的结构是 P-4m2 相，100 GPa 压强下最稳定的结构为 Pmm2 相，在 150～300 GPa 内最稳定的结构为 P4mm 相。$TiPB_4$ 体系最稳定结构为压强在 250 GPa 时的 P4mm 结构。稳定结构的价带与导带在费米面附近存在能带重叠，结构呈金属性。它们的声子振动曲线不存在虚频，结构的动力学是具有稳定性的。计算稳定结构 P4mm 相的超导性,结果显示该结构超导临界转变温度很低,在最稳定压强 250 GPa 时仅有 0.94 K,接近绝对零度。

吉林大学研究人员将第一性原理和晶体结构预测方法相结合,成功确定了 $SiH_4(H_2)_2$ 的晶体结构[15]。发现在形成 $SiH_4(H_2)_2$ 的过程中,SiH_4 依然保持其四方的分子特性,而 Si 原子则形成一个四方的子晶格,这个四方子晶格也可以看作是一个具有微小变形的面心立方结构。H_2 分子则分布在 Si 的子晶格间隙中,且这些分子是取向无序的。基于这一结构模型,模拟了 $SiH_4(H_2)_2$ 的物态方程,X 射线衍射谱以及拉曼光谱的测试结果都与实验吻合得很好。在更高的压力下,预测 $SiH_4(H_2)_2$ 相继相变到 P-1、Cc 和 Ccca 结构时相变压力将分别会达到 24 GPa、92 GPa 和 180 GPa。这三个结构具有一个共同特征,即由 $SiH_x(x=6、8)$ 形成的层间夹杂着 H_2 分子。能量的计算还表明,$SiH_4(H_2)_2$ 在 315 GPa 压强以下都是趋于分解的。而当考虑零点振动能时,Ccca 结构在 248 GPa 时成为能量最稳定相。电子性质的计算表明,此时 $SiH_4(H_2)_2$ 是一个良好的金属,其费米面处电子态密度在 250 GPa 时达到单胞。线性响应微扰理论计算表明,Ccca 结构的电声耦合参数 λ 在 250 GPa 时可以达到 1.625。将其代入修正后的麦克米兰公式,其超导转变温度可以达到 98~107 K。深入分析表明,$SiH_4(H_2)_2$ 之所有具有较高的超导转变温度,主要是由于高压下 SiH_4 分子和 H_2 分子的相互作用,而来自 H_2 分子本身的贡献非常小。由于 $SiH_4(H_2)_2$ 的 Ccca 相存在的压力区间仍然在目前实验可探测范围内,因此本结果势必会引起研究人员对 $SiH_4(H_2)_2$ 高压研究的兴趣。同时,$SiH_4(H_2)_2$ 的高压研究也会对其他高压分子间化合物的研究有着重要的指导意义。此外,其利用遗传算法,预测发现 YH_3 在 fcc 相之后会相继相变到六角和正交结构,相变压力分别为 197 GPa 和 214 GPa,由此确定了 YH_3 在高压下完整的相变序列。在六角结构到正交结构的相变过程中,H 原子发生了重新堆积的过程,导致 Y 原子的配位数从 10 减少到 9。六角结构到正交结构是高温超导体好的待选结构,这还需要进一步的实验和理论研究。

另外,吉林大学研究人员还在高压下对 Hf-H 体系的晶体结构及稳定性进行了计算[16]。预测出一个稳定的层状结构 $P6_3/mmc-HfH_{10}$，其中 H 原子形成"类五角石墨烯状"的 H_{10} 单元，Hf 原子起到提供电子并稳定氢亚晶格的作用。电声耦合计算表明，HfH_{10} 在 250 GPa 压强下的超导转变温度高达 $213\sim234$ K，这不仅是首次在层状氢化物中发现 T_c 超过 200 K 的结构，也是截至目前过渡金属氢化物中 T_c 最高的材料。除了 HfH_{10} 以外，同结构 MH_{10}（M 为 Zr、Sc、Lu）在高压下也表现出良好的超导电性，超导转变温度大约在 134 K 到 220 K 之间，它们的高 T_c 均与费米面处高的电子态密度和较强的电声耦合有关。这种"类五角石墨烯状"的超氢化物是继以 H_3S 为代表的共价金属性氢化物和以 LaH_{10} 为代表的笼状氢化物之后的第三种高 T_c 氢化物模型，对于氢化物以及室温超导体的研究发展具有十分重要的意义。其课题组提出的 4 条高温超导标准也会为今后在三元或四元富氢材料中寻找室温超导体提供理论参考。此外，其课题组将随机结构搜索和第一性原理计算方法相结合，研究了高压下 Y-Ca-H 体系的晶体结构和稳定性。预测出一种新型的笼状高对称性的 $YCaH_{12}$ 在 $180\sim257$ GPa 的压力范围内是稳定的。电声耦合计算表明，$YCaH_{12}$ 在 180 GPa 时的 T_c 高达 230 K。与其他二元高温超导体（YH_6、CaH_6、LaH_{10} 等）一样，$YCaH_{12}$ 的高 T_c 主要与其强电声耦合及费米能级处较高的电子态密度的占比密切相关。这项工作为高压下合成 $YCaH_{12}$ 提供了有价值的参考，表明三元超氢化物可以作为潜在的高温超导材料，并为实验合成三元氢化物提供了一个新的思路。

6.2　拓扑超导材料

自从拓扑绝缘体被证实后，拓扑的概念被推广到了更加广泛的物理领域。在最近的十几年中，拓扑材料的研究成为热门课题，除拓扑绝缘体外，还发现了多种拓扑材料和体系。拓扑绝缘体具有拓扑不变量，并能形成由时间反演不变性（TRS）保护的边界态或者狄拉克锥表面态，HgTe 量子阱和 Bi_2Se_3 等都属于拓扑绝缘体。第二种典型的拓扑材料为节点型体系。在这种体系中,带隙会在布里渊区的特定 K 点闭合。同时,空间对称性如旋转对称性和镜面对称性,在节点型体系中起着关键的作用。节点型体系中会形成狄拉克锥、费米弧以及平带。狄拉克半金属(DSMs)、外尔半金属(WSMs)以及节点线型半金属(NLSMs)都属于节点型体系。之后,拓扑的概念也被拓展到了超导领域,人们在多个体系中预言并尝试寻找拓扑超导体,如 $PbTaSe_2$、Cu 元素掺杂的拓扑绝缘体 Bi_2Se_3 等。在最新的研究中还提出了新型的拓扑材料,如新型费米子以及高阶拓扑态等。

由此可见,拓扑材料具有丰富的物理性质,而高压也被用来研究拓扑材料甚至被用于调控拓扑性质,从拓扑平庸态到非平庸态,或者在不同的拓扑态之间进行转换,如 Na_3Bi 和 $TaAs$ 等。此外,在一些拓扑体系(Bi_2Se_3、Bi_2Te_3、$ZrTe_5$、Bi_4I_4)、外尔半金属(WTe_2、TaP)的高压研究中,还发现它们在高压下出现了超导转变。

无论是高压科学的研究还是拓扑材料的研究,理论计算都是不可或缺的重要手段。随着计算方法的逐步完善以及计算资源的不断更新,计算物理自 20 世纪 90 年代以来得到了迅猛的发展。人们已不会再对基于密度泛函理论的第一性原理计算中所需的庞大计算量望而却步。计算物理能够为晶体材料的结构性质、电子性质和其他多种物理特性提供理论上的支撑与解释。在高压科学的研究中,往往需要结合晶体结构搜索等技术手段,在预测材料结构、性质的同时,更加深入地理解各类物理现象,从而指导实验方向。如上文中提到的 H_3S、LaH_{10}、硅的同素异形体等体系的研究中,都是结合了理论与实验,对相关材料的超导性质、光吸收等多种物理性质进行了研究。而拓扑材料中所涉及的复杂能带性质,如狄拉克锥、费米弧以及实验得到的角分辨光电子能谱等,都可以很好地用第一性原理计算的结果进行解释。

南京大学研究人员通过第一性原理计算发现,压力会显著改变晶体结构,$ZrTe_5$ 化合物在 6 GPa 时会变成金属[17]。$ZrTe_5$ 在高压下的费米面非常复杂,对于 C2/m 和 P-1 结构,分别有 5 条和 7 条能带穿越费米能级。时间反演不变的拓扑绝缘体需要奇宇称,而费米面正好包含了奇数个时间反演不变量(TRIM)。这些能带在空间上扩张,考虑到强烈的散射效应、电子关联作用较为微弱,发现此化合物的超导主要是由电子-声子耦合作用导致。然而波包内声子主导的成对也可能具有奇宇称,其在长程上有着如同电子-声子耦合的奇异行为。因此,此化合物不太可能在低压范围内(<10 GPa)是拓扑绝缘体。同时,其也对高压范围内的能带和费米面进行了计算,发现无法排除较高压下拓扑超导存在的可能性,这是个值得进一步研究的问题。根据 C2/m 和 P-1 结构在 10 GPa 和 30 GPa 的声子谱结果,两个结构都能在对应压强下保持结构稳定。这与高压下存在两个超导相的实验结果相一致。由于高昂的计算成本,C2/m 和 P-1 结构的超导性质并未在此进行计算,但这两个结构皆为金属相。结合实验与理论研究,展示出了狄拉克拓扑半金属 $ZrTe_5$ 在高压下的超导性质。超导的出现伴随着 128 K 左右出现的电阻异常峰被完全抑制以及 Cmcm 到 C2/m 的结构相变。当压强高于 21.2 GPa 时,有着 P-1 结构的第二超导相出现,其与最初的 C2/m 相共存。理论研究排除了低压区拓扑超导的可能性,此体系在高压区(20 GPa 以上区域)有着复杂的费米面和第二个超导相还有待深入研究。

此外,南京大学研究人员结合实验与第一性原理计算研究了 BiI 在高压下的性质。计算表明,BiI 会经历结构相变:常压下的 C2/m 相在 8.5 GPa 转变为 $P4_2/mmc$ 相,$P4_2/mmc$ 相在 28.2 GPa 时转变为 $P6_3/mmc$ 相。计算结果能与高压拉曼实验数据吻合。能带计算表明,BiI 的 $P4_2/mmc$ 相可能是一种拓扑金属。对 BiI 的两个高压相进行了研究,计算结果与早先的实验结果一致。这些物理性质让 BiI 的高压 $P4_2/mmc$ 相成为了一个研究 TSCs 的优秀平台。其课题组结合第一性原理计算和高压下的电输运性质实验,得出三条结论:① 预测了 Au_2Pb 的两种结构——常压下的 $Pca2_1$ 结构和高压下的 I-42d 结构。$Pca2_1$ 结构是拓扑非平庸的,相比于已有文献中提到的 Pbcn 结构,$Pca2_1$ 结构能量更低、动力学计算更加稳定,同时也能用于 XRD 精修。因此,Au_2Pb 在常压下的基态结构更有可能是 $Pca2_1$ 结构,而非早先报道的 Pbcn 结构。② 在高压下的电输运性质实验中,超导转变温度在 5 GPa 左右提升,根据理论计算,这应该是由 $Pca2_1$ 相变为 I-42d 结构引起的。

I-42d的电子结构是拓扑平庸的,因而结构相变的同时伴随着拓扑相变。更有趣的是,在压力卸载后,超导温度升高的现象仍旧存在。实验得到的数据与理论预测的I-42d结构在高压下的行为非常类似。③ I-42d结构是常规BCS超导体。在5 GPa左右有最大T_c值(约4 K),最大值比常压结构的超导转变温度高3倍左右。由压力诱导的T_c在理论上和实验中得到的数据相符,这也是首次在Au_2Pb体系中观察到该现象。

6.3　单层超导材料

由于在基础科学的应用中有很大的潜能,单层材料中的超导体如FeSe、MoS_2和$NbSe_2$等受到了极大的关注。然而,如果没有电子掺杂或者其他调节手段的话,目前已知的单层本征超导体还是很少的。比如,由于费米面上空带的存在,石墨烯没有超导性质,但是在电子掺杂和拉伸应变下它就变成了二维单层超导体。最近在"魔角"石墨烯中发现的超导引起了很大的轰动,但是它需要至少两层石墨烯通过旋转获得"魔角",而且角度相对来说还是比较难控制的。硼烯,作为另一个纯元素低维材料,似乎是目前报道的唯一的本征单层超导体。然而,实验上对此类二维纯元素超导体的合成仍然是一种挑战。

石墨因为狄拉克点的存在而有一些独特的电子性质,比如无质量狄拉克费米子中高的载流子浓度等,这些性质在对基础物理的理解和实际应用方面有很大的贡献。然而,由于费米能级上态密度的缺失,导致石墨不是一个良好的超导体。为了实现石墨的超导性质,可以对石墨烯进行掺杂和加应力,从而出现了金属插层的石墨烯。

由于丰富的成键构型(sp、sp^2和sp^3),碳成为可以形成最丰富的晶格和分子的元素之一。除了广为人知的金刚石、石墨烯、富勒烯、碳纳米管,还存在其他类型的碳的同素异构体,包括单斜多晶碳、体心四方碳、石墨炔、纳米孪晶金刚石、五角石墨稀、单斜碳、海克尔纳米管等。最近一个碳同素异构体——褶皱的 T-石墨烯被预测存在狄拉克状的费米子及可以和石墨烯类比的高费米速度。碳层这种新的结构还具有良好的力学性质,同时也是很好的储氢材料。

除了石墨烯,还有其他没有蜂窝状结构对称性的以碳为基础的二维材料,比如四方石墨烯、石墨炔和海克尔纳米管就拥有四方对称性的结构,有两个构型:褶皱状的 T-石墨烯和平面型的 T-石墨烯。和石墨烯一样,裙皱状的 T-石墨烯理论上预测在费米面上是存在狄拉克型的费米子的半导体。而平面状的 T-石墨烯有金属性质,后面直接称为 T-石墨烯。T-石墨烯出现后,它的很多潜在应用被挖掘,据报道金属 T-石墨烯在常温和常压下是一个可逆的储氢材料,氢气的吸收和释放过程可以由外加电场进行调节。通过控制磁通量,T-石墨烯和它的纳米材料可以用于设计光电子设备,存在狄拉克点和负的分流电阻。

尽管纯的石墨烯没有超导性质,但是许多碳相关的材料被预测是超导体,比如 GICs、富勒烯碱金属化合物、纳米管、硼掺杂的金刚石、硼碳化合物和"魔角"石墨烯超晶格等。由于石墨烯和 MgB_2 中的硼层结构相似,因此对 GICs 的超导电性的研究引起了广泛的关注,它们的结构是金属元素插在石墨烯层之间。碱金属的碳化合物是首先被研究的 GICs 超导体,它们的超导温度都低于 1 K。其中,C_8K 是最容易被合成的化合物之一,所以它就成为研究 GICs 超导机制和性质的代表。在压强的作用下,C_8K 的温度在 1.5 GPa 时可以升高到 1.7 K。到目前为止,C_6Yb 和 C_6Ca 是理论预测的 GICs 中超导温度最高的化合物,常压下对应的超导温度分别是 6.5 K 和 11.5 K。在压强为 7.5 GPa 时,C_6Ca 的超导温度升高到 15.1 K。除了提到的 GICs,由锂、钠、钙元素等掺杂的石墨烯也具有超导性质。可以看到压强已经成为探索未知化学配比的新材料和结构的有效方法。考虑到常态和高压状态下碳同素异构体的丰富性,我们提出这样的问题:是否存在新的二维碳相关的结构拥有更好的超导性质? 能否像硼一样找到纯的二维碳同素异构体拥有本征超导属性?

南京大学研究人员利用结构搜索和第一性原理的计算,找到了类石墨烯插层化合物的材料并提出了制备单层 T-石墨烯的方案,同时研究了它们的超导性质[18]。单层 T-石墨烯具有四八环结构,它是一个本征的单质二维超导体,超导温度大约为 20.8 K。其中,低频部分垂直于碳层的声学振动模式在超导配对中起着至关重要的作用。其课题组提出了合成单层 T-石墨烯的新途径:首先,用高压方法合成 T-石墨烯插层化合物;然后,用电化学或者其他可行的方法加以剥离。用机器学习优化的晶格结构搜索方法仔细地搜索了 C-K 体系,找到了拥有 P4/mmm 结构的 C_4K,这个就是 T-石墨烯插层化合物。计算结果表明,C_4K 可以在高于 11.5 GPa 的压强下被合成,然后卸压到常压。一旦 C_4K 用高压方法被合成,就可以用电化学剥离方法将 T-石墨烯从体块 C_4K 上剥离出来。或者将 C_4K 中的钾原子蒸发掉,得到体块的 T-石墨烯 C_4K,再从 T-石墨烯 C_4K 出发来剥离单层 T-石墨烯。有趣的是,研究人员发现了体块 C_4K 也具有超导性质,超导温度在 0 GPa 下大约为 30.4 K,这个超导温度在层状的碳化合物中创下了一个新的纪录。

金属插入层的电子态和碳原子垂直于碳层的振动模式之间的强耦合对层状的碳插入层化合物超导性质起决定性的作用。由于很强的电声耦合效应,T-石墨烯和 C_4K 都是常规的声子辅助的超导体。比较它们的电子结构和超导性质,可以观察到掺杂的效应。因此,可以考虑用电荷掺杂,如掺杂金属原子或者通过调节门电压来提高单层 T-石墨烯的超导温度。缺陷会影响 T-石墨烯和 C_4K 的超导性质,在以后的研究中可以作为一个有趣的课题。作为非常稀少的本征单质单层超导体之一,T-石墨烯是一个理想的二维材料,可以和其他二维材料一起用层状堆叠技术来制备超导体-半导体异质结,这将会大大促进这个领域的发展。

现在,不管是实验还是理论计算,掺杂都是一个有效的手段来获得高的超导温度。在实验上,化学掺杂和有机的电解液栅极场效应管已经成为凝聚态物理中探索物理性质的关键技术。在石墨烯中,用掺杂引起超导的想法已经被进行了研究,掺杂的载流子浓度高达 10^{14} cm^{-2}。用 DFT 计算得到的单层 LiC_6 和 CaC_6 的超导温度分别是 8.1 K 和 1.4 K。实验上测到 Li 掺杂的单层石墨稀有 7.4 K 的超导温度和 Ca 掺杂的石墨稀有 6 K 的超导温度。另外,空穴掺杂的金刚石在不同的掺杂率下可以从 4 K 增加到 25 K。对于科研人员和材料发展而言,寻找好的超导材料一直是迫切且艰巨的任务。

根据 BCS 理论,当声子引起的吸引力大于电子之间的排斥力时,在费米能级附近的电子会形成库珀对,然后物体就会进入超导状态。这个是常规超导体中超导机制的基础框架。临界超导温度会反映电子相互作用的能量范围,然而只有在费米面附近的能量范围内的电子才能成对。

南京大学研究人员还结合第一性原理计算方法,讨论了掺杂对于二维材料 T-石墨烯超导性质的影响。T-石墨烯是一个本征的单层平面超导体,掺杂是实验和理论上比较普遍和成熟的用来调节材料性质的手段。由于明显的电子之间的排斥作用,电子掺杂会减弱 T-石墨烯的超导能力。在空穴掺杂的 T-石墨烯体系中,超导温度随着掺杂的增加呈现先升后降的趋势,形成了一个超导穹顶,当掺杂浓度为 3.40×10^{14} cm^{-2} 时,超导温度可以达到 29.8 K。由于 T-石墨烯体系的超导机制是由垂直碳平面振动的声子模式和 π 带之间的相互耦合引起的,所以特征声子模式一般都会比较小,这个因素使得这个体系的超导温度被抑制。另外,在二维体系中,由于缺少 z 方向的量子限制,相应的沿 z 方向的振动会很容易被影响,从而影响体系的相关性能,如超导。因此,可以寻找合适的调节方法(如应变等)来利用这一特点寻找和设计所需的功能材料。

6.4　过渡金属超导材料

过渡金属二硫族化合物(TMD)化学通式为 MX_2,是目前备受关注的二维材料家族之一。该类材料主要由过渡金属 M 与硫族元素 S、Se、Te 等组成。这类材料一般具有层状结构,层内是由 X-M-X 构成的"三明治"夹心结构,层与层之间靠微弱的范德瓦耳斯力结合,因此是一种准二维材料。层内和层与层之间不同的堆叠方式,使该类材料具有十分丰富的晶体结构。同时，TMD 材料的电子结构强烈地依赖于过渡金属的价电子数和晶体结构，从而具有半导体（MoS_2、$MoSe_2$）、半金属（WTe_2、$MoTe_2$、$TiTe_2$）和金属（$PtTe_2$、$PdTe_2$）等不同的特性。TMD 材料还具有许多奇特的物理性质，如电荷密度波（CDW）、超导电性、磁有序、拓扑等。TMD 材料的层状特性也使得其非常容易被剥离成单层或几层材料。由于维度的降低和层间耦合的减小，其物性也会发生显著的变化。

超导是凝聚态物质中的一种宏观量子现象，是电子在动量空间中的凝聚现象，在超导体中电流可以无损耗地传输。电荷密度波 CDW 态中电子在整个晶体中发生周期性电荷密度调制，（有时）伴随着周期性晶格畸变，是电子在实空间中的凝聚现象。拓扑金属态是材料特殊能带结构导致的拓扑态，拓扑金属中的体态电子表现出和平庸的电子态非常不同的物理性质。由于低维层状特性，TMD 材料的超导和 CDW 序之间存在相互竞争或在一定条件下共存的关系。一些 TMD 材料具有拓扑特性，如果其也具有超导特性，那么这个材料就有可能实现拓扑超导。超导、CDW 序和拓扑态在 TMD 材料中具有十分有意义的研究地位。

如前所述，TMD 材料具有十分丰富的超导、CDW 序和拓扑性质。高压和载流子掺杂可以十分"干净"地调控物性，能使过渡金属二硫族化合物调控出更丰富的物性。MoS_2 是 TMD 材料中非常有代表性的半导体材料。块体 MoS_2 是带隙为 1.2 eV 的间接带隙半导体，随着层数的减少带隙增大，单层 MoS_2 就变成了带隙为 1.8 eV 的直接带隙半导体，因而单层 MoS_2 具有十分优异的光电性能。通过离子液体注入的方法可以将 MoS_2 调控出金属态进而出现超导态。超导电性随掺杂浓度呈现穹顶形变化。通常离子注入深度在表面以下几个原子层厚，因此可以认为是二维的 MoS_2 超导体。理论上认为这个穹顶形的超导相图是由于电子掺杂后不同轨道特征的费米面变化导致的。

此外，单层 MoS_2 由于缺少空间反演对称性并存在大的自旋轨道耦合作用，导致了自旋-谷锁定现象，形成面外的塞曼自旋极化。谷的自旋在 K 和 K' 点反向，与 Rashba 自旋轨道耦合导致的面内动量依赖的自旋极化不同，塞曼类型的自旋-谷锁定导致谷与谷间电子的配对。因此,库珀对里的电子自旋被面外大的塞曼场极化,这可以保护它们的方向为面外取向,这样就会导致超导对面内的磁场十分不敏感,会有非常大的面内上临界场。相反,面外磁场可以十分容易地破坏超导电性。MoS_2 在 1.5 K 的面内上临界场为 52 T,比对应的块体超导材料的上临界场大一个数量级,大大超出泡利顺磁极限。因此,这种超导体被称为 Ising 超导体。高压也可以使 MoS_2 从 2Hc 相变到 2Ha 相,然后金属化并在 90 GPa 出现超导电性,而且 T_c 随着压力急剧增加,最终稳定在 12 K 的超导转变温度。理论计算表明,超导态的出现与在费米能级附近出现的新的平费米面有关。另外,实验上单层半导体 MoS_2 也可以通过载流子掺杂实现超导,同时理论也预言 Na 掺杂的双层 MoS_2 也可能诱导出超导电性。

WTe_2 和 $MoTe_2$ 的结构往往会发生畸变,块体相具有半金属的特征。近年来在这两个材料中发现很多有意义的物理现象而受到广泛的关注,比如巨大且不饱和的磁电阻效应、第 II 类的外尔半金属、光照和载流子掺杂实现 $MoTe_2$ 的 2H 半导体相等。实验上发现压力或掺杂可以诱导超导电性,并抑制它们的巨磁阻效应。另外,WTe_2 和 $MoTe_2$ 这两种材料是外尔半金属,因此加压后可能在这两种材料里实现拓扑超导。

$1T-TiX_2$(X 为 S、Se、Te)体系是一个十分具有代表性的 TMD 体系。三种材料都为 1T 相,但随着 X 从 S 到 Se 再到 Te 的变化,材料性质从半导体到 CDW 半金属再到半金属转变。$1T-TiX_2$ 是一个简单的费米液体半金属。尽管这个材料性质十分简单,但是可以通过各种调控手段调控出很多丰富的物理现象。比如,在背向电场效应管 $1T-TiX_2$ 薄膜中观察到了奇异的电子输运,在自旋阻挫系统中观察到了大的负磁阻,一定比例 S 掺杂的块体或单层具有拓扑相转变。另外,近期报道在单层的 $1T-TiX_2$ 中也观察到了 CDW 现象:单层在(92±3)K 温度以下会发生 2×2 的 CDW 相变。0～30 GPa 的静水压下,块体 $1T-TiX_2$ 经历了 4 个由能带反转导致的拓扑相转变。另外,在单轴压条件下 $1T-TiX_2$ 也可以发生拓扑相变。$1T-TiX_2$ 是一个价带和导带交叠 0.6 eV 的半金属,然而在实验上 1.1 K 以上都没有发现其超导电性。高压是否能够调控 1T-TiX$_2$ 的超导电性也是一个非常值得探索的课题。

在 MX$_2$ 中，1T-TaS$_2$、1T-TiSe$_2$、2H-NbSe$_2$ 因具有丰富的 CDW 相转变而受到广泛的关注。1T-TaS$_2$ 具有 CdI2 类型的层状结构，一个 Ta 原子位于 6 个 S 原子构成的八面体的中心。一个原胞由一个 Ta 原子和相邻的两层里的两个 S 原子构成。在低温时，电声耦合效应导致了周期性的晶格扭曲，形成了超晶格，Ta 原子排列成"David 星"团簇。每一个"David 星"外面的 12 个 Ta 原子向中心 Ta 原子移动，形成了公度的 CDW 态（CCDW）。特别的，在 CCDW 相中，Ta 原子的 5d 电子的关联效应会将这个系统变为莫特绝缘态。低温下 1T-TaS$_2$ 为 CCDW 态，温度超过 180 K 时，它经过一阶相转变到近公度的 CDW（NCCDW）态。NCCDW 态是由金属的非公度（1C）网络和莫特绝缘的 CCDW 畴构成的，即 CDW 畴内仍然是公度的，CDW 畴与畴之间发生相移变得非公度。CCDW 畴在加热时会减小，并在 355 K 最终消失，此时系统转变为非公度的 CDW 态（ICCDW），ICCDW 相变后的晶格尺寸和完美结构的晶格常数没有确定数值关系。标准的 1T 金属态在 550 K 才出现。

通过施加外压力可以有效抑制 CCDW 态，在 CCDW 态完全被抑制后出现超导电性，超导电性可以与 NCCDW 态共存。T_{CCDW} 随压力增大迅速降低，当压力大于 0.8 GPa 时转变消失，低温区逐渐变为金属性行为。NCCDW 转变温度（T_{NCCDW}）随着压力增大逐渐被抑制，当压力大于 7 GPa 时 NCCDW 转变消失。非常有趣的是，当压力大于 2.5 GPa 时，低温出现超导转变。可以明显看出，压力能够有效抑制 CDW，且 CCDW 完全被抑制后在低温出现超导电性，超导电性与 NCCDW 共存。1T-TaS$_2$ 在加压下计算的声子谱显示常压下出现虚频，对应 CDW 结构非稳，而当压力为 5 GPa 时，虚频消失，说明压力能够有效抑制 CDW，与实验结果一致。另外，Ta 位掺 Fe 或在 S 位掺杂一定量的 Se，可以有效抑制 CCDW 态。加压和化学掺杂下的 1T-TaS$_2$ 具有相似的电子相图。

近年来，载流子掺杂来调控 1T-TaS$_2$ 中的 CDW 态和超导态已经成为一种新的研究手段。有研究人员发现，1T-TaS$_2$ 中插层 Li 元素可以抑制 CCDW 态并引入超导电性；面内的电场可以诱导 CCDW 态向 NCCDW 态或者亚稳态转变；对 1T-TaS$_2$ 施加一个垂直电场后发现正向的电脉冲可以在低温诱导 ICCDW 网格并抑制莫特绝缘态。此外，还有研究人员提出光照也可以诱导 1T-TaS$_2$ 从 CCDW 态转变到 NCCDW 或者隐藏的亚稳态。在所有的调控手段中，CDW 相变被认为是由载流子掺杂导致的，然而这些转变的物理机制至今还尚不清楚。

此外，1T-TiSe$_2$ 在 200 K 也会有一个 2×2×2 公度的 CDW 相变，与 1T-TaS$_2$ 类似加压或者进行金属原子掺杂可以抑制 CDW，并有可能诱导出超导电性。最近实验研究表明，电子掺杂可以抑制 1T-TiSe$_2$ 纳米薄片中的 CDW，并且随着载流子浓度的增加，CDW 逐渐被抑制并出现一个类似于铜氧化物的穹顶形的超导电子相图。

块体 2H-NbSe$_2$ 在 33 K 有一个 3×3 的 CDW 相转变，且 CDW 态与超导共存，超导转变温度为 7.2 K。加压会有效抑制块体 2H-NbSe$_2$ 的 CDW，但是超导态仍然能够保留。单层 NbSe$_2$ 的 CDW 序和超导在二维极限下都可以存在，但是超导转变温度降到了 1.9 K。另外，实验上发现通过在双层 2H-NbSe$_2$ 里掺入空穴可以增强超导，增强超导的原因是门电压调控电声耦合导致的。

最近，有研究人员预言在 PtSe$_2$ 家族材料（PtSe$_2$、PtTe$_2$、PdTe$_2$）里可能存在由 C3 对称性保护的第 II 类狄拉克费米子。在该预言之后，不同研究组用角分辨光电子能谱相继证实了 PtSe$_2$、PtTe$_2$、PdTe$_2$ 材料里确实存在第 II 类狄拉克费米子。与第 II 类的外尔点类似，第 II 类的狄拉克锥在某些特定的方向严重倾斜。有趣的是，PdTe$_2$ 还是一个 T_c 为 1.7～2.0 K 的超导体，超导和第 II 类的狄拉克点共存于 PdTe$_2$ 中使得它与众不同。PdTe$_2$ 可能为研究超导和狄拉克费米子之间的关系提供一个研究平台。另外，早期实验发现 PdTe$_2$ 和 PtTe$_2$ 在直到 27 GPa 都没有发现结构相变。

此外，成单层的单质元素材料一直是二维材料研究领域的一个热点。近期，利用分子束外延的方法，碳同族元素硅、锗和锡元素的单层材料（即硅烯、锗烯和锡烯)都被相继合成出来。但是这些烯具有半导体或半金属特性,对超导的出现是不利的。那么是否存在金属性的单质二维材料呢?经过多年的理论和实验探索,曼克等先后合成了硼的单层材料,即硼烯。因制备条件不同,合成的硼烯具有三种不同结构,但它们都具有金属特性。三种结构的硼烯都被预言具有 $10 \sim 20$ K 的超导电性,因此硼烯可能是目前纯单质二维材料中具有最高超导转变温度的材料。在这三种结构的硼烯中,无孔洞的硼烯的超导转变温度被预言是最高的。无孔洞的硼烯还具有非常强的各向异性、负的泊松比、沿着 a 轴可能超过石墨烯的杨氏模量等特性。硼烯中的超导以及可调控的特性,将可以拓展硼烯的应用领域。

与 PtSeTe 的研究类似,中国科学技术大学的研究人员用同样的方法研究了 PtSSe 和 PdSeTe,优化结果和实验吻合得很好[19],PtSe$_2$ 和 PdTe$_2$ 的狄拉克点也都演变为有序排列 PtSSe 和 PdSeTe 材料里的三重简并点。三种 S/Se/Te 有序排列材料的声子谱都是稳定的。先前的研究表明,S 和 Se 可以在 1T-TaS$_{2-x}$Se$_x$ 里有序排列。分子束外延的方法(MBE)已经成功制备出高质量的单层至多层的 PtSe$_2$ 样品。因此,也可以通过 MBE 方法一层一层地生长出有序排列的 PtSSe、PtSeTe 和 PdSeTe 材料。

外界压力可以调控 PtSe$_2$ 家族材料的第 I 类和第 II 类狄拉克点。PdTe$_2$ 的第 II 类狄拉克点在 6.1 GPa 消失,同时在 4.7 GPa 时在 Γ 点产生一对新的第 I 类狄拉克点,在 $4.7 \sim 6.1$ GPa 这两类狄拉克点共存。但由于 PdTe$_2$ 独特的能带结构,第 II 类和第 I 类狄拉克点只共存于适当压力下的 PdTe$_2$。PdTe$_2$ 的超导电性以 0.13 K/GPa 的速度单调减小,但仍然在实验可以探测的范围之内。考虑到加压后丰富的拓扑相变和超导特性,PdTe$_2$ 可能是一个非常有意思的拓扑狄拉克材料。

PdSe$_2$ 家族材料里的 $\Delta5$ 和 $\Delta6$ 能带因为空间反演和时间反演对称性发生克莱默斯简并。当空间反演对称性被破坏,这两条能带发生劈裂,因此 PtSe$_2$ 家族材料里的每一个狄拉克点都会劈裂成 PtSeTe、PtSSe 和 PdSeTe 材料里的两个三重简并点,这些有序排列的 PtSeTe 家族材料仅仅保持了 C$_{3v}$ 对称性。$\Delta5$ 和 $\Delta6$ 能带劈裂的大小可以通过调控金属和非金属原子 p-d 电子杂化来调节。这三个材料在声子谱上是稳定的,非常有希望通过诸如 MBE 的方法来生长。如果有序排列的 PtSeTe 材料被合成了,它们将提供一个狄拉克点转变为三重简并点的真实例子,并且有利于研究狄拉克费米子和三重简并费米子之间的拓扑相变。关于 PtSeTe 家族材料的三重简并点仍然需要后续的实验和理论的研究。

中国科学技术大学研究人员通过第一性原理计算,预言了静水压抑制 1T-TiTe$_2$ 的超导,而单轴压会增强 1T-TiTe$_2$ 的超导。声子谱的软化是单轴压增强 1T-TiTe$_2$ 超导的原因,穿过费米能级键增强,也可能是单轴压增强超导的原因之一。在结构非稳边界(17 GPa 的单轴压),计算的最大 T_c 为 6.34 K。在合适的压力下,可能会同时出现超导和拓扑态。在单轴压下可能的拓扑超导特性将扩展 1T-TiTe$_2$ 的物理性质。此外,基于第一性原理计算,其课题组模拟了块体和单层 1T-TaS$_2$ 的载流子掺杂效应,发现 CCDW 在电子掺杂下稳定,而在空穴掺杂下会显著地受到抑制;分析了电子和空穴掺杂调控 1T-TaS$_2$ 中 CCDW 相的机制:光照和正向垂直电场导致的空穴掺杂显著地增加了 CCDW 的能量,所以这个系统转变为 NCCDW 态或者类似的亚稳态,尽管面内电场导致的电子掺杂时 CCDW 扭曲更加严重,但是一些伴随效应可能会导致系统穿过能量势垒从 CCDW 态到 NCCDW 态或者类似的亚稳态。同时,他们也预言空穴掺杂可能会导致 6~7 K 的超导电性。通过调控 CDW,可以在 1T-TaS$_2$ 中实现从 CCDW/莫特绝缘态到金属态再到超导态的转变。因此,这个材料非常有望在未来的电子学器件中得到应用。同时,他们基于第一性原理计算,研究了无孔洞硼烯的超导电性,同时预言了拉应力和空穴掺杂可以显著地增强硼烯的超导电性。费米面处较高的态密度和强费米面嵌套导致了相当大的电声耦合,导致自由弛豫的硼稀 T_c 为 19.0 K。拉应力可以最大增强 T_c 至 27.4 K,而空穴掺杂可以把 T_c 最大增强至 34.8 K,这都超过了液氢 20.3 K 的温度。研究表明,长在大晶格参数衬底上的硼烯或者在光照情况下的硼烯的超导电性可能会大大增强,这将扩展这一新奇材料的应用前景。

南京大学研究人员成功地合成了新材料 ScZrCo 并表征了其结构[20]。

它具有空间群的正交结构,且为非中心对称。样品在常压下表现出类似半导体的电阻率行为,并且从磁化率和比热的实验中得出威尔逊比率的 R 值为 4.47,说明样品的基态具有一定的强电子关联效应。通过施加压力,类似半导体性的负温度依赖关系的电阻行为被压制,逐渐演化为金属性。当压力达到 19.5 GPa 时,超导转变开始出现。超导转变温度随压力的升高而升高,当达到 36.1 GPa 时,超导转变温度为 3.6 K。此外,形成了 Co 缺位的 $BaCo_{0.91}S_2$ 单晶,它表现出的电输运性质和 $BaCoS_2$ 有较大差别。$BaCoS_2$ 在常压下具有较强的莫特绝缘性,而 Co 缺位的样品 $BaCo_{0.91}S_2$ 的绝缘性有较大降低,很难用经典的能带绝缘体模型和变程跳跃模型描述,对于其原因需要进一步的思考和实验来验证。通过加压,$BaCo_{0.91}S_2$ 的绝缘性被迅速压制,它的金属绝缘体相变随着压力的升高而升高,然后在 2.5 GPa 后完全进入金属态,且在 100 K 到 300 K 的区间内电阻率表现出线性的温度依赖关系,这与高温铜氧超导家族的母体较为类似。在 $BaNiS_2$ 多晶样品中,压力效应铜氧迅速地压制了电阻率,并提高了样品的莫特-伊夫-瑞格极限,使高温区的电阻饱和现象随加压被推至 300 K 以上。

第 7 章　总结及展望

　　超导材料具有零电阻、抗磁性以及宏观量子效应等特殊物理性质,应用领域非常广泛。在电工学领域,超导材料的主要应用领域包括超导电缆、超导限流器、超导磁悬浮、医疗核磁共振成像、超导储能以及超导电机等。目前,各国研究人员研发和生产的重点是 YBCO 超导材料(也可称为第二代高温超导材料),并认为其是未来超导材料发展的主要方向。

　　近年来,以美国、日本和欧盟为代表的发达国家不断地积极推进高温超导材料及其应用领域的研究,取得多项重大突破。我国在超导材料领域的研究进展基本与国际同步,其中低温超导材料、超导电子学应用以及超导电工学应用领域的研究已达到或接近国际先进水平,但在实际应用方面的研究进展与发达国家还有一定的差距。

　　目前我国已经全面突破了实用化低温超导线材制备技术,已具备批量制备千米级实用化 MgB_2 超导线材的能力。我国第一代高温超导带材(BSCCO-2223)与国际先进水平的差距已经大大缩小,关键技术指标基本达到了实用化的要求,已经进入产业化发展阶段。在第二代高温超导带材(YBCO)方面,我国与国际先进水平的差距迅速缩小。上海和苏州等地均以企业形式制备出了千米级的 YBCO 二代带材,而且已经有一定量的销售和使用。

　　医疗领域对磁共振成像技术需求的增长是促进超导材料在医疗领域应用迅速增长的主要原因。此外,受汽车市场的发展推动,电动机需求增长也在未来一段时间内将促进超导材料的发展。但是,常用作生产超导材料的稀土元素(如钇等)价格波动在未来几年将会对这一市场的发展产生负面影响。不过,一些终端应用领域的磁性方面,如高铁、低温学和生物磁场等将会给超导材料创造新的增长点。

美国预测,预计到 2022 年,全球超导技术市场规模将增至 58 亿美元,年复合增长率将高达 12.8%。随着技术的不断改进,高温超导需求将不断增加,尤其是在电力领域。从应用领域来说,磁共振成像将成为消费者应用需求最多的一个领域。从区域市场来看,随着工业发展步伐的加快,亚太地区将成为最大的超导技术需求市场,尤其是中国、日本和印度这三个国家。

参 考 文 献

［1］方磊.超导技术在强电领域的应用及市场分析［J］.科学技术创新,2019（26）:164-165.

［2］郭文勇,蔡富裕,赵闯,等.超导储能技术在可再生能源中的应用与展望［J］.电力系统自动化,2019（8）:2-19.

［3］李文敏.新型铜基超导体及层状化合物的高压合成与物性研究［D］.北京:中国科学院大学（中国科学院物理研究所）,2018.

［4］郜浩安,马帅领,包括,等.高硬度超导三元碳化物的高温高压合成［J］.高压物理学报,2018（2）:46-53.

［5］刘文豪.新型超导体的高压合成探索［D］.南京:南京大学,2018.

［6］胡健.拓扑半金属材料 ZrGeSe 的高压电性和核磁共振研究［D］.扬州:扬州大学,2020.

［7］张敏.高压下几种半金属材料的量子相变与性质研究［D］.合肥:中国科学技术大学,2020.

［8］王哲.碱金属铬砷化合物超导电性的高压研究［D］.北京:中国科学院大学（中国科学院物理研究所）,2018.

［9］张珊.拓扑半金属与关联金属磷族化合物超导电性的高压探索［D］.北京:中国科学院大学（中国科学院物理研究所）,2017.

［10］刘翔.压力下氧化钛和碳化钼超导电性的研究［D］.合肥:中国科学技术大学,2019.

［11］赵小苗.高压下低维材料的结构与超导电性的研究［D］.广州:华南理工大学,2017.

[12] 王红红. CeTX₃型非中心对称重费米子化合物超导电性的高压研究[D]. 北京:中国科学院大学(中国科学院物理研究所),2018.

[13] 邵灿灿.高压下碱土金属硫化物结构相变及富氢化合物超导电性的第一性原理研究[D].秦皇岛:燕山大学,2018.

[14] 郭雪.高压下 Ti-P-H 等三元化合物的结构和超导特性计算研究[D].青岛:青岛大学,2020.

[15] 李印威.若干典型高硬度或超导功能材料的高压结构设计[D].长春:吉林大学,2011.

[16] 谢慧.高压下几种新型氢化物的超导电性和储氢性能研究[D].长春:吉林大学,2020.

[17] 吴珏霏.高压下若干拓扑材料超导转变研究[D].南京:南京大学,2019.

[18] 顾琴燕.若干高压超导材料的第一性原理研究[D].南京:南京大学,2019.

[19] 肖瑞春.高压和载流子调控过渡金属二硫族化合物的超导及拓扑性质的理论研究[D].合肥:中国科学技术大学,2018.

[20] 王恩宇.压力作用下含钴化合物的超导电性探索[D].南京:南京大学,2018.